\ 今すぐ使える /
かんたん
mini

Office 2024/2021/2019/Microsoft 365［対応版］

Accessの
基本と便利が
これ1冊でわかる本

井上香緒里 著

JN207148

本書の使い方

- ●画面の手順解説だけを読めば、操作できるようになる！
- ●もっと詳しく知りたい人は、補足説明を読んで納得！
- ●これだけは覚えておきたい機能を厳選して紹介！

特長 1
機能ごとに
まとまっているので、
「やりたいこと」が
すぐに見つかる！

● **基本操作**
赤い矢印の部分だけを読んで、
パソコンを操作すれば、
難しいことはわからなくても、
あっという間に操作できる！

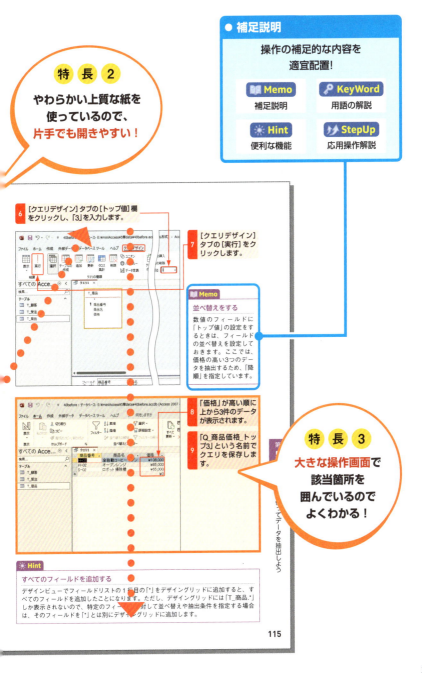

パソコンの基本操作

- 本書の解説は、基本的にマウスを使って操作することを前提としています。
- お使いのパソコンのタッチパッド、タッチ対応モニターを使って操作する場合は、各操作を次のように読み替えてください。

① マウス操作

▼ クリック（左クリック）

クリック（左クリック）の操作は、画面上にある要素やメニューの項目を選択したり、ボタンを押したりする際に使います。

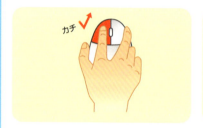

マウスの左ボタンを1回押します。

タッチパッドの左ボタン（機種によっては左下の領域）を1回押します。

▼ 右クリック

右クリックの操作は、操作対象に関する特別なメニューを表示する場合などに使います。

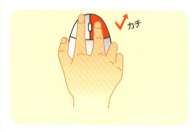

マウスの右ボタンを1回押します。

タッチパッドの右ボタン（機種によっては右下の領域）を1回押します。

▼ ダブルクリック

ダブルクリックの操作は、各種アプリを起動したり、ファイルやフォルダーなどを開く際に使います。

マウスの左ボタンをすばやく2回押します。

タッチパッドの左ボタン(機種によっては左下の領域)をすばやく2回押します。

▼ ドラッグ

ドラッグの操作は、画面上の操作対象を別の場所に移動したり、操作対象のサイズを変更する際などに使います。

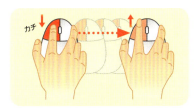

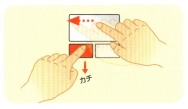

マウスの左ボタンを押したまま、マウスを動かします。目的の操作が完了したら、左ボタンから指を離します。

タッチパッドの左ボタン(機種によっては左下の領域)を押したまま、タッチパッドを指でなぞります。目的の操作が完了したら、左ボタンから指を離します。

📖 Memo

ホイールの使い方

ほとんどのマウスには、左ボタンと右ボタンの間にホイールが付いています。ホイールを上下に回転させると、Webページなどの画面を上下にスクロールすることができます。そのほかにも、[Ctrl]を押しながらホイールを回転させると、画面を拡大／縮小したり、フォルダーのアイコンの大きさを変えたりできます。

② 利用する主なキー

▼ 半角/全角キー
日本語入力と英語入力を切り替えます。

▼ エンターキー
変換した文字を決定するときや、改行するときに使います。

▼ ファンクションキー
12個のキーには、ソフトごとによく使う機能が登録されています。

▼ デリートキー
文字を消すときに使います。「del」と表示されている場合もあります。

▼ バックスペースキー
入力位置を示すポインターの直前の文字を1文字削除します。

▼ 文字キー
文字を入力します。

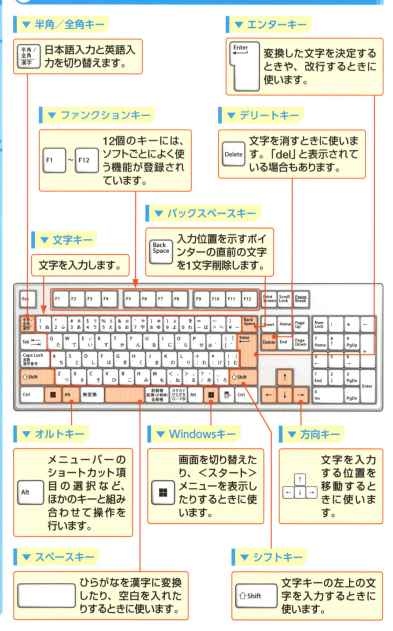

▼ オルトキー
メニューバーのショートカット項目の選択など、ほかのキーと組み合わせて操作を行います。

▼ Windowsキー
画面を切り替えたり、<スタート>メニューを表示したりするときに使います。

▼ 方向キー
文字を入力する位置を移動するときに使います。

▼ スペースキー
ひらがなを漢字に変換したり、空白を入れたりするときに使います。

▼ シフトキー
文字キーの左上の文字を入力するときに使います。

③ タッチ操作

▼ タップ

画面に触れてすぐ離す操作です。ファイルなど何かを選択するときや、決定を行う場合に使用します。マウスでのクリックにあたります。

▼ ダブルタップ

タップを2回繰り返す操作です。各種アプリを起動したり、ファイルやフォルダーなどを開く際に使用します。マウスでのダブルクリックにあたります。

▼ ホールド

画面に触れたまま長押しする操作です。詳細情報を表示するほか、状況に応じたメニューが開きます。マウスでの右クリックにあたります。

▼ ドラッグ

操作対象をホールドしたまま、画面の上を指でなぞり上下左右に移動します。目的の操作が完了したら、画面から指を離します。

▼ スワイプ／スライド

画面の上を指でなぞる操作です。ページのスクロールなどで使用します。

▼ フリック

画面を指で軽く払う操作です。スワイプと混同しやすいので注意しましょう。

▼ ピンチ／ストレッチ

2本の指で対象に触れたまま指を広げたり狭めたりする操作です。拡大（ストレッチ）／縮小（ピンチ）が行えます。

▼ 回転

2本の指先を対象の上に置き、そのまま両方の指で同時に右または左方向に回転させる操作です。

サンプルファイルのダウンロード

- 本書で使用しているサンプルファイルは、以下のURLのサポートページからダウンロードすることができます。ダウンロードしたときは圧縮ファイルの状態なので、展開してから使用してください。

```
https://gihyo.jp/book/2025/978-4-297-14770-9/support
```

▼ サンプルファイルをダウンロードする

1 ブラウザー（ここではMicrosoft Edge）を起動します。

2 ここをクリックしてURLを入力し、Enterを押します。

3 表示された画面をスクロールし、[ダウンロード]にある[サンプルファイル（DL用data.zip）]をクリックします。

4 [保存]をクリックすると、ファイルがダウンロードされます。

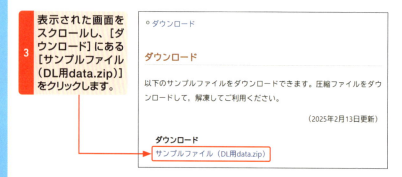

ダウンロードした圧縮ファイルを展開する

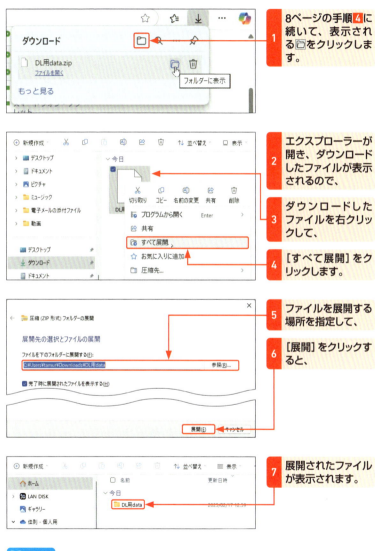

1. 8ページの手順4に続いて、表示される 🗁 をクリックします。
2. エクスプローラーが開き、ダウンロードしたファイルが表示されるので、
3. ダウンロードしたファイルを右クリックして、
4. [すべて展開]をクリックします。
5. ファイルを展開する場所を指定して、
6. [展開]をクリックすると、
7. 展開されたファイルが表示されます。

📖 Memo

手順1の画面が消えてしまった場合は、Microsoft Edgeの画面右上の … → [ダウンロード]の順でクリックすると再表示されます。または、エクスプローラーでダウンロード先のフォルダーを直接開き、手順3以降の操作を行うこともできます。

Contents —目次—

第1章 Accessを始めよう

Section 01 ▸ 「データベース」って何？   **20**
データベースとは
データベースソフトとは
リレーショナルデータベースソフトとは

Section 02 ▸ Accessを使うと何ができるの？   **22**
Accessでできること

Section 03 ▸ 新しいデータベースを作ろう   **24**
データベースを作成する

Section 04 ▸ 作成済みのデータベースファイルを開こう   **26**
データベースを開く

Section 05 ▸ Accessの画面構成を理解しよう   **28**
Accessの画面構成

Section 06 ▸ オブジェクトを表示しよう   **30**
オブジェクトを開く
オブジェクトを切り替える

Section 07 ▸ Accessを構成するオブジェクトを理解しよう   **32**
Accessのオブジェクト
オブジェクトは相互に関連している

第2章 テーブルを見てみよう

Section 08 ▸ テーブルの役割を知ろう   **36**
テーブルを作る流れ
デザインビューとデータシートビューの切り替え
テーブル設計は専門家に任せる

Section 09 ▸ テーブルの設計を確認しよう   **38**
デザインビューの画面構成

Section 10 ▸ 新しいテーブルを作成する方法を知ろう   **40**
テーブルを作成する
フィールドを追加する

主キーを設定する
フィールドプロパティを設定する
テーブルを保存する

Section 11 ▸ **フィールドを修正しよう** 42

フィールドを追加する
フィールドの並び順を変更する

Section 12 ▸ **データ型の種類を知ろう** 44

データ型を指定する
データ型の種類

Section 13 ▸ **主キーを確認しよう** 46

主キーとは
主キーを設定する

Section 14 ▸ **入力項目をさらに細かく設定しよう** 48

主なフィールドプロパティの種類
フィールドプロパティを確認する

Section 15 ▸ **テーブルを保存しよう** 50

テーブルを保存する
テーブルを上書き保存する

第 3 章　テーブルにデータを入力しよう

Section 16 ▸ **テーブルにデータを入力しよう** 54

データを入力する

Section 17 ▸ **テーブルのデータを見やすくしよう** 56

フィールドの幅を変更する
フィールドの表示順を変更する
列の表示／非表示を切り替える
フィールドを固定して表示する

Section 18 ▸ **入力したデータを修正しよう** 60

データを修正する
レコードを削除する

Section 19 ▸ **データをコピーして新規のデータを入力しよう** 62

レコードをコピーする

Contents —目次—

Section 20 ▸ **データの並べ替え／検索を実行しよう** 64

レコードを検索する
レコードを並べ替える

Section 21 ▸ **表示するデータを絞り込もう** 66

レコードを絞り込む

第4章 リレーションシップで複数のテーブルを結び付けよう

Section 22 ▸ **リレーションシップのしくみを知ろう** 70

リレーションシップとは
テーブルを分けるときの考え方

Section 23 ▸ **本書で扱うリレーションシップを知ろう** 72

「売上管理」データベースファイルの構成
主キーと外部キー

Section 24 ▸ **リレーションシップの画面を開こう** 74

リレーションシップウィンドウを開く
テーブルを追加する
フィールドリストの配置を変更する
フィールドリストの大きさを変更する

Section 25 ▸ **リレーションシップを設定しよう** 78

「T_顧客」テーブルと「T_受注」テーブルを関連付ける

Section 26 ▸ **参照整合性を理解しよう** 80

参照整合性の3つのルール
参照整合性の設定を緩和する

第5章 クエリを使ってデータを抽出しよう

Section 27 ▸ **クエリの役割を知ろう** 84

クエリのしくみ
クエリの種類

Section 28 ▸ **クエリを作る方法を知ろう** 86

デザインビューで作成する

12

クエリウィザードで作成する

Section 29 ▶ クエリのビューを切り替えよう 88
データシートビューに切り替える
デザインビューに切り替える

Section 30 ▶ 特定のフィールドを表示しよう 90
新しいクエリの作成画面（デザインビュー）を開く
フィールドリストの配置を確認する
フィールドをデザイングリッドに追加する
クエリを実行する

Section 31 ▶ デザイングリッドのフィールドを削除／挿入しよう 94
フィールドを削除する
フィールドを挿入する
フィールドの順番を変更する

Section 32 ▶ クエリを実行／保存しよう 96
クエリを実行する
クエリを保存する

Section 33 ▶ 複数のテーブルにまたがってデータを抽出しよう 98
新しいクエリのデザインビューを開く
クエリを設計する
クエリを実行する

Section 34 ▶ 特定の条件に合ったデータを抽出しよう 102
条件を指定してデータを抽出する

Section 35 ▶ あいまいな条件でデータを抽出しよう（ワイルドカード） 104
あいまいな条件を指定してデータを抽出する

Section 36 ▶ ○○以上のデータを抽出しよう（比較演算子） 106
特定の日付以降のデータを抽出する

Section 37 ▶ 特定の期間のデータを抽出しよう（Between...And演算子） 108
期間を指定してデータを抽出する

Section 38 ▶ データの並び順を指定しよう 110
データの並び順を指定する

Section 39 ▶ 複数の条件で並び順を指定しよう 112
複数の条件で並べ替える

13

Contents —目次—

優先順位を変更する

Section 40 ▶ **上位〇〇件までを抽出しよう（トップ値）** **114**
上位3件を抽出する

Section 41 ▶ **毎回違う条件で抽出しよう（パラメータークエリ）** **116**
クエリの実行時に条件を指定して抽出する

Section 42 ▶ **クエリで計算しよう（演算フィールド）** **118**
演算フィールドとは
演算フィールドを作成する

Section 43 ▶ **複数のフィールドを1つにまとめて表示しよう（＆演算子）** **120**
2つのフィールドをつなげて表示する

Section 44 ▶ **指定した月や月日のデータを表示しよう** **122**
月のデータを表示する
〇日後のデータを表示する

Section 45 ▶ **小数点以下を切り捨てよう** **124**
価格を計算する

第 6 章 高度なクエリを使ってみよう

Section 46 ▶ **商品ごとの売上合計を集計しよう（集計クエリ）** **128**
集計クエリを作成する
特定のデータだけを集計する

Section 47 ▶ **顧客別の商品ごとのクロス集計をしよう（クロス集計クエリ）** **132**
クロス集計クエリを作成する

Section 48 ▶ **「アクションクエリ」って何？** **136**
アクションクエリとは
アクションクエリを使う際の注意点
アクションクエリを作成する手順
アクションクエリの実行方法

Section 49 ▶ **一括でデータを更新しよう（更新クエリ）** **138**
選択クエリを作成する
更新クエリに変更／実行する

Section 50 ▶ クエリを使ってテーブルを作ろう（テーブル作成クエリ） **142**

選択クエリを作成する
テーブル作成クエリに変更／実行する

Section 51 ▶ クエリを使ってほかのテーブルにデータを追加しよう（追加クエリ） **146**

選択クエリを作成する
追加クエリに変更／実行する

Section 52 ▶ 一括でデータを削除しよう（削除クエリ） **150**

選択クエリを作成する
削除クエリに変更／実行する

第 7 章　フォームで入力画面を作ろう

Section 53 ▶ フォームの役割を知ろう **156**

フォームのしくみ
フォームの種類

Section 54 ▶ フォームの作成方法を知ろう **158**

フォームを作成する3つの方法
フォームの作成手順

Section 55 ▶ フォームのビューを切り替えよう **160**

レイアウトビューに切り替える
デザインビューに切り替える

Section 56 ▶ ウィザードを使って入力用の単票フォームを作ろう **162**

フォームを作成する

Section 57 ▶ フォームを保存しよう **166**

フォームを修正する
フォームを保存する

Section 58 ▶ フォームからデータを入力しよう **168**

新規レコードを表示する
フォームからデータを入力する

Section 59 ▶ フォームの編集画面の構成を確認しよう **170**

デザインビューの画面構成
フォームの編集

15

Contents —目次—

Section 60 ▶ **フォームのコントロールを知ろう** **172**

さまざまなコントロール
コントロールを選択する

Section 61 ▶ **コントロールのサイズや位置を変更しよう** **174**

コントロールのサイズを変更する
コントロールを移動／削除する

Section 62 ▶ **フォームのタイトルを変更しよう** **176**

タイトルを変更する
コントロールやセクションのサイズを調整する

Section 63 ▶ **ウィザードを使って表形式のフォームを作ろう** **178**

表形式のフォームを作成する

Section 64 ▶ **フォーム上で計算しよう（演算コントロール）** **182**

フォームを作成する
セクションの高さを変更する
コントロールを配置する
ラベルのプロパティを設定する
テキストボックスのプロパティを設定する

Section 65 ▶ **計算結果に通貨の書式を設定しよう** **188**

演算コントロールの書式を設定する
計算結果を確認する

第8章 レポートを印刷しよう

Section 66 ▶ **レポートの役割を知ろう** **192**

レポートのしくみ
レポートの種類

Section 67 ▶ **レポートの作成方法を知ろう** **194**

レポートを作成する3つの方法
レポートの作成手順

Section 68 ▶ **レポートのビューを切り替えよう** **196**

レイアウトビューに切り替える
デザインビューの画面構成

Section 69 ▸	ウィザードを使って表形式のレポートを作ろう	198

レポートウィザードを開く

Section 70 ▸	レポートを保存しよう	202

レポートを修正する
レポートを保存する

Section 71 ▸	レポートの印刷イメージを確認しよう	204

印刷プレビューを表示する

Section 72 ▸	用紙の向きやサイズを変更しよう	206

縦置きと横置きを切り替える
印刷イメージを確認する

Section 73 ▸	レポートのヘッダーを編集しよう	208

セクションの幅を広げる
ページヘッダーの背景に色を付ける

Section 74 ▸	データを並べ替えて印刷しよう	210

データの並び順を確認する
並べ替えの条件を指定する

Section 75 ▸	データをグループごとにまとめて印刷しよう	212

レポートウィザードを開く
グループごとにまとめて印刷する

Section 76 ▸	グループごとに改ページして印刷しよう	216

詳細セクションのプロパティを設定する

Section 77 ▸	レポートをPDF形式で保存しよう	218

PDF形式で保存する

Section 78 ▸	宛名ラベルを印刷しよう	220

宛名ラベルのレポートを作成する

第9章 知っておくと便利な機能

Section 79 ▸	Excelのデータの一部をAccessに取り込もう	226

Excelのデータの一部をインポートする

17

Contents —目次—

Section 80 ▶ **AccessのデータをExcel形式で保存しよう** **228**
Excel形式でエクスポートする

Section 81 ▶ **データベース間でオブジェクトをコピーしよう** **230**
別のデータベースにオブジェクトをコピーする

Section 82 ▶ **データベースのバックアップを作ろう** **232**
バックアップファイルを作成する

Section 83 ▶ **セキュリティのメッセージが表示されたら** **234**
メッセージバーの種類
メッセージバーが表示されないようにする

ご注意：ご購入・ご利用の前に必ずお読みください

● 本書に記載された内容は、情報提供のみを目的としています。したがって、本書を用いた運用は、必ず
お客様自身の責任と判断によって行ってください。これらの情報の運用の結果について、技術評論社お
よび著者はいかなる責任も負いません。

● ソフトウェアに関する記述は、特に断りのない限り、2025年2月20日現在での最新情報をもとにしてい
ます。これらの情報は更新される場合があり、本書の説明とは機能内容や画面図などが異なってしまうこ
とがあり得ます。あらかじめご了承ください。

● 本書の内容については以下の環境で動作確認を行っています。ご利用のWindowsのバージョンによっ
ては、手順や画面が異なる場合があります。あらかじめご了承ください。
　　　Windows 11
　　　Microsoft Access 2024／Microsoft 365
● インターネットの情報については、URLや画面などが変更されている可能性があります。ご注意ください。

以上の注意事項をご承諾いただいた上で、本書をご利用願います。これらの注意事項をお読みいただかず
に、お問い合わせいただいても、技術評論社および著者は対処しかねます。あらかじめご承知おきください。

■ 本書に掲載した会社名、プログラム名、システム名などは、米国およびその他の国における登録商標ま
たは商標です。本文中では™、®マークは明記していません。

第 1 章

Accessを始めよう

- ▸ Section 01　「データベース」って何？
- ▸ Section 02　Accessを使うと何ができるの？
- ▸ Section 03　新しいデータベースを作ろう
- ▸ Section 04　作成済みのデータベースファイルを開こう
- ▸ Section 05　Accessの画面構成を理解しよう
- ▸ Section 06　オブジェクトを表示しよう
- ▸ Section 07　Accessを構成するオブジェクトを理解しよう

Section 01

第1章 | Accessを始めよう

「データベース」って何？

Access（アクセス）は、Microsoft社が提供するデータベースソフトの名称です。Accessを使う前に、そもそもデータベースとは何か、データベースソフトとは何か、データベースはどんなことができるのかを知りましょう。

① データベースとは

データベースとは、一定のルールにしたがって集められたデータのことです。私たちの身の回りには住所録や売上台帳など、数多くのデータベースが存在します。たとえば、住所録は「氏名」「住所」「電話番号」などの項目ごとに集められたデータベースです。

② データベースソフトとは

データベースソフトとは、データベースを作成するアプリのことです。データベースソフトを使うと、集めたデータをさまざまな形で利用できます。たとえば、目的のデータの抽出や集計をしたり、オリジナルのデータ入力画面や印刷レイアウトを作成したりできます。

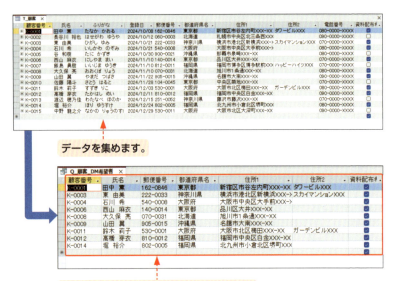

データを集めます。

データを抽出したり、集計したりできます。

③ リレーショナルデータベースソフトとは

データベースソフトにはいくつかの種類がありますが、現在、一般的に広く利用されているのはリレーショナルデータベースソフトです。リレーショナルデータベースとは、複数のテーマに分けたデータベースを結び付けて利用できるようにしたものです。複数のデータベースを結び付けるためには、「顧客番号」や「セミナー番号」などの共通の項目を利用します。Accessはリレーショナルデータベースを管理するリレーショナルデータベースソフトです。

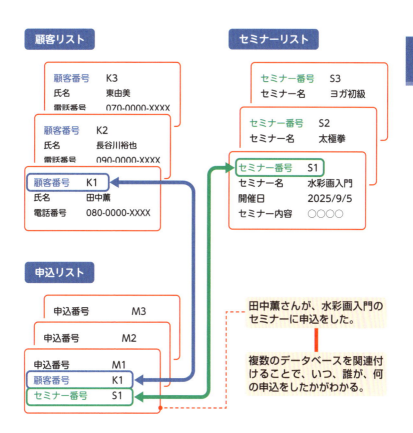

▶ Section 02　第1章 | Accessを始めよう

Accessを使うと
何ができるの？

Accessを使うと、集めたデータの中から必要なデータを探し出したり、特定の項目だけを集計／分析したりできます。さらに、一覧表や宛名ラベルを印刷するなど、データを思い通りに印刷するしくみを作成できます。

① Accessでできること

データを集めるルールを設定して、そのルールに沿ったデータ入力が可能です。

集めたデータから、必要なデータを抽出できます。

データ入力のための専用フォーム（画面）を作成できます。

レイアウトを整えて、データを印刷できます。

1620846	2220033
東京都新宿区市谷左内町XXX-XX タワービルXXX	神奈川県横浜市港北区新横浜XXX-XX スカイマンションXXX
田中 薫様	東 由美様
5400008	1400014
大阪府大阪市中央区大手前XXX-XX	東京都品川区大井XXX-XX
石川 希様	西山 麻衣様
0700031	9050015
北海道旭川市1条通XXX-XX	沖縄県名護市大南XXX-XX
大久保 亮様	山田 翼様

☀ Hint

ExcelとAccessの違い

表計算ソフトのExcelにもデータベース機能があります。1枚の表で管理できるくらいの
データならExcelの方が便利ですが、大量のデータを扱う場合は、Accessが適していま
す。扱うデータの量が多い場合や、データをさまざまな形式で表示/印刷する場合など
はAccessを使うとよいでしょう。

	Access	Excel
扱える データの量	Excel より大量のデータを高速に処理できます。	基本的にデータは1枚のシートで扱います。データ件数が多いと、動作が遅くなる場合があります。
操作性	事前に設計を行って使用します。	Excel の機能を使って操作します。
データの更新	データをまとめて更新/削除する機能を利用できます。	関数などの機能を利用して、手作業で更新します。
並べ替え/ 抽出/集計	「クエリ」の設計を理解して利用します。	標準の機能を使って操作できます。
カスタマイズ	「フォーム」や「レポート」を使って、入力画面や印刷画面を作成できます。	VBA を利用すれば、入力画面やメニュー画面の作成も可能です。
リレーション ショップ	複数のデータベースを連携したリレーショナルデータベースを構築できます。	関数やパワークエリなどを使い、別のシートからデータを参照できます。

第 1 章 Accessを始めよう

23

▶ Section 03　第1章 | Accessを始めよう

新しいデータベースを作ろう

新しいデータベースファイルを作成するには、Accessを起動した直後に表示されるスタート画面で[空のデータベース]を選択します。Accessでは、データベースを作成するときにファイルを保存します。

① データベースを作成する

Accessのスタート画面です。

1. Accessを起動し、[空のデータベース]をクリックします。

2. データベースの名前(ここでは「売上管理」)を入力します。

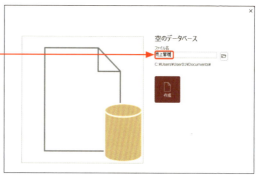

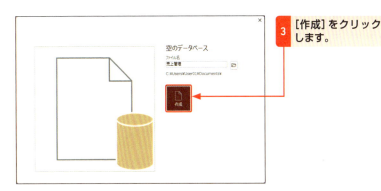

3 [作成]をクリックします。

新しいデータベースファイルが作成されました。

📖 Memo

最初にデータベースの入れ物を作る

WordやExcelでは、文書や表などを作成したあとでファイルとして保存するのが一般的ですが、Accessでは最初にデータを蓄積するための入れ物（＝データベースファイル）を作成して保存します。「テーブル」「クエリ」「フォーム」「レポート」などのオブジェクト（32ページ参照）は、1つのデータベースファイルに保存されます。

📖 Memo

テンプレートも利用できる

Accessのスタート画面には、「タスク管理」や「連絡先」などのデータベースファイルのテンプレート（＝ひな形）が表示されます。これらのテンプレートをもとに、新しいデータベースを作成することもできます。

► Section **04**　第1章 | Accessを始めよう

作成済みのデータベースファイルを開こう

Accessを起動した直後に表示されるスタート画面から、作成済みのデータベースファイルを開きます。ほかのデータベースファイルが開いている場合は、[ファイル]タブの[開く]をクリックします。

① データベースを開く

1 Accessを起動し、[開く]をクリックします。

2 [参照]をクリックします。

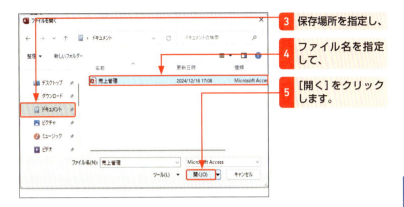

3 保存場所を指定し、

4 ファイル名を指定して、

5 [開く]をクリックします。

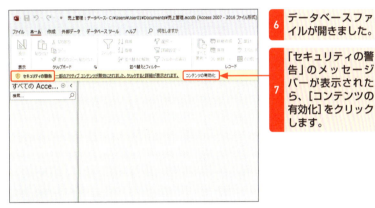

6 データベースファイルが開きました。

7 「セキュリティの警告」のメッセージバーが表示されたら、[コンテンツの有効化]をクリックします。

📖 Memo

セキュリティの警告

安全かどうかわからない内容を含む可能性があるファイルを開くと、「セキュリティ警告」のメッセージバーが表示されます。安全なファイルの場合は、[コンテンツの有効化]をクリックします。すると、無効になっている機能が有効になります。

📖 Memo

セキュリティリスク

「セキュリティリスク」のメッセージバーが表示された場合は、234ページを参照してください。

› Section 05　第1章 | Accessを始めよう

Accessの画面構成を理解しよう

データベースファイルを開くと、左側に**ナビゲーションウィンドウ**が表示され、開いている**オブジェクト**が中央に表示されます。なお、パソコンの画面サイズなどによって、**リボン**の表示内容は異なります。

① Accessの画面構成

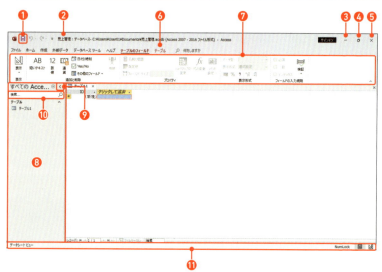

名称	内容
❶ 上書き保存	ファイルを上書き保存します。
❷ タイトルバー	データベースファイルの名前が表示されます。
❸ [最小化]ボタン	Accessのウィンドウを最小化します。
❹ [元に戻す(縮小)]ボタン	Accessのウィンドウを小さく表示します。
❺ [閉じる]ボタン	Accessを閉じます。
❻ タブ	リボンに表示する内容を切り替えます。
❼ リボン	操作のボタンが並んでいます。[タブ]をクリックすると、表示内容が切り替わります。

❽ ナビゲーションウィンドウ	データベースに含まれるオブジェクトの一覧が表示されます。
❾ [シャッターバーを開く/閉じる]ボタン	ナビゲーションウィンドウの表示/非表示を切り替えます。
❿ 検索ボックス	キーワードを入力してオブジェクトを検索するときに使います。
⓫ ステータスバー	操作の内容に応じてメッセージなどが表示されます。ビューを切り替えるボタンなども表示されます。

📘 Memo

ナビゲーションウィンドウとは

画面左側にあるナビゲーションウィンドウには、Accessで作成したオブジェクト(32ページ参照)が一覧で表示されます。[シャッターバーを開く/閉じる]をクリックすると、表示/非表示を切り替えできます。

📘 Memo

[Accessのオプション]画面について

Accessやデータベースファイル全体に関するさまざまな設定を変更するには、[ファイル]タブをクリックし、画面左下の[オプション]をクリックすると表示される[Accessのオプション画面]で操作します。

▶ Section 06 — 第1章 | Accessを始めよう

オブジェクトを表示しよう

Accessで作成するテーブル、クエリ、フォーム、レポート、マクロなどの操作対象を総称してオブジェクトと呼びます。オブジェクトはナビゲーションウィンドウに一覧表示されます。

① オブジェクトを開く

1. 26ページの方法で、サンプルデータベースファイル「売上管理（ファイル名＝06before.accdb)」を開いておきます。

2. ナビゲーションウィンドウの「T_顧客」テーブルをダブルクリックします。

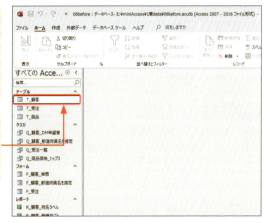

3. 「T_顧客」テーブルが開きます。

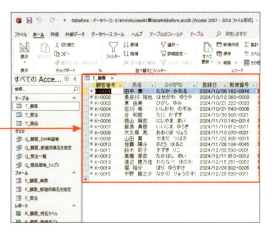

② オブジェクトを切り替える

1 続いて、「Q_顧客_DM希望者」クエリをダブルクリックします。

2 「T_顧客」テーブルと「Q_顧客_DM希望者」クエリがタブで表示されます。

3 「T_顧客」タブをクリックすると、「T_顧客」テーブルの表示に切り替わります。

4 ここをクリックすると、オブジェクトが閉じます。

Memo

オブジェクトが表示されない場合は？

ナビゲーションウィンドウに目的のオブジェクトが見つからない場合は、ナビゲーションウィンドウ右横の⊙をクリックし、[オブジェクトの種類]と[すべてのAccessオブジェクト]が選択されていることを確認します。

第1章 Accessを始めよう

31

▶ Section 07　第1章 | Accessを始めよう

Accessを構成する
オブジェクトを理解しよう

Accessでデータベースを作成/管理するには、必要に応じて**オブジェクト**を作成します。オブジェクトには「操作対象」という意味があり、Accessでは**データベースを構成するひとつひとつの部品**のことを指します。

① Accessのオブジェクト

Accessには、「テーブル」「クエリ」「フォーム」「レポート」「マクロ」「モジュール」の6つのオブジェクトがあり、オブジェクトごとに担当する作業が決まっています。

テーブル

テーブルとは、データベースのもとになる「データ」を保存するオブジェクトであり、データベースの中心となる存在です。Accessでデータベースを新規作成したら、最初にテーブルを作成します。

テーブルに必要な項目などを設計してから、テーブルにデータを保存します。

クエリ

テーブルに保存されているデータの中から、特定の条件を満たすデータを抽出したり、特定の条件でデータを並べ替えたりするオブジェクトです。データを集計したり、分析したりするときにも利用します。

データの抽出、集計、分析などで使用します。

フォーム

テーブルから抽出したデータを表示したり、データを入力してテーブルに保存したりするオブジェクトです。データを閲覧しやすいようにレイアウトを工夫したり、データを入力しやすくしたりする支援機能が用意されています。

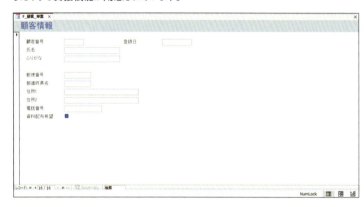

データ入力画面を作成すると、専用画面でデータを入力できます。

レポート

テーブルに保存されているデータや、クエリで抽出したデータを印刷するためのオブジェクトです。一覧表形式や宛名ラベル形式など、さまざまな形式で印刷できます。

一覧表形式のレポートや宛名ラベルなどを作成できます。

マクロ

繰り返し行う操作を登録し、ワンタッチで実行できるように操作を自動化するためのオブジェクトです。

モジュール

マクロでは登録できないような複雑な処理を実行するためのオブジェクトです。VBA（Visual Basic for Applications）というプログラミング言語を使って記述します。

② オブジェクトは相互に関連している

「テーブル」「クエリ」「フォーム」「レポート」などのオブジェクトは、それぞれが独立しているわけではありません。データが保存されているテーブルを中心に、相互に関連し合いながら作業します。

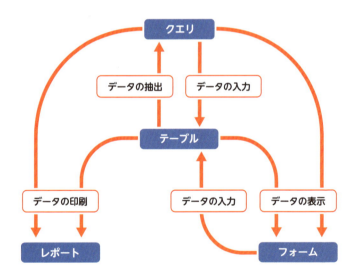

Memo

すべてのオブジェクトを作成する必要はある？

Accessでデータを管理するには、データの入れ物である「テーブル」が不可欠です。それ以外のオブジェクトは必要に応じて作成するので、使わないオブジェクトは作成しなくても構いません。

第 2 章

テーブルを見てみよう

- ▶ Section 08　テーブルの役割を知ろう
- ▶ Section 09　テーブルの設計を確認しよう
- ▶ Section 10　新しいテーブルを作成する方法を知ろう
- ▶ Section 11　フィールドを修正しよう
- ▶ Section 12　データ型の種類を知ろう
- ▶ Section 13　主キーを確認しよう
- ▶ Section 14　入力項目をさらに細かく設定しよう
- ▶ Section 15　テーブルを保存しよう

▶ Section 08　第2章 | テーブルを見てみよう

テーブルの役割を知ろう

テーブルとは、データベースのもとになるデータを格納するためのオブジェクトで、データベースの「要」です。テーブルの設計次第で、データベースの使い勝手も変わります。Accessでは、最初にテーブルを作成します。

① テーブルを作る流れ

①テーブルを設計する

データベースにどのような項目が必要か、その項目には何の情報が入るのかを考えて、「デザインビュー」でテーブルを設計します。

上側で選択したフィールドの詳細（フィールドプロパティ）を設定できます。

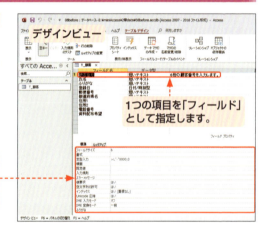

1つの項目を「フィールド」として指定します。

②テーブルにデータを入力する

「データシートビュー」でテーブルにデータを入力します。データの各項目（列単位のデータ）を「フィールド」と呼び、1件分のデータ（行単位のデータ）を「レコード」と呼びます。

② デザインビューとデータシートビューの切り替え

テーブルの表示方法（＝ビュー）には「データシートビュー」と「デザインビュー」があります。
［ホーム］タブや［テーブルデザイン］タブ（［テーブルのフィールド］タブ）の［表示］をクリックすると、ビューが交互に切り替わります。［表示］の▼をクリックすると、すべてのビューが一覧表示されて、ビューを選択できます。

1. デザインビューで［ホーム］タブや［テーブルデザイン］タブの［表示］をクリックすると、

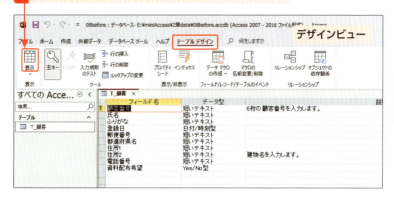

2. データシートビューに切り替わり、テーブルに入力したデータが表示されます。

3. ［ホーム］タブや［テーブルのフィールド］タブの［表示］をクリックすると、デザインビューに切り替わります。

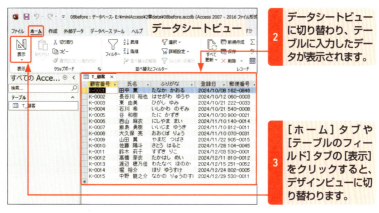

③ テーブル設計は専門家に任せる

本書では、テーブルの設計に関する詳細の説明は省略し、主に、作成済みのテーブルを利用する側の操作を解説します。データを正しく集めるしくみを作る処理は専門家に任せて、まずは、集められたデータを活用するための操作を習得しましょう。

▶Section 09　第2章 | テーブルを見てみよう

テーブルの設計を確認しよう

テーブルの設計は専門家に任せるとは言っても、使っているテーブルの構成や設定されている内容を把握しておくことは必要です。テーブルのデザインビューの画面の見方を知っておきましょう。

1 デザインビューの画面構成

26ページの操作で「売上管理」データベースを開いておきます。30ページの操作で「T_顧客」テーブルを開き、37ページの操作でデザインビューに切り替えます。
以下は、テーブルのデザインビューの画面構成です。

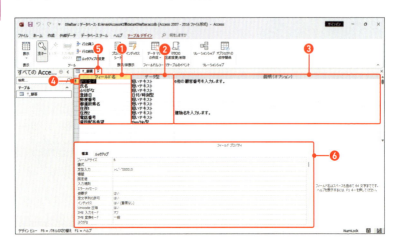

名称	内容
❶フィールド名	フィールドの一覧が表示されます。
❷データ型	フィールドのデータ型が表示されます。
❸説明(オプション)	フィールドの説明が表示されます(Hint参照)。
❹フィールドセレクター	フィールドを選択します。
❺[(テーブル名)を閉じる]ボタン	テーブルを閉じます。
❻フィールドプロパティ	選択しているフィールドのプロパティの内容が表示されます。

Hint

[説明(オプション)]欄の設定

[説明(オプション)]欄には、フィールドの補足を入力します。ここに入力した内容は、テーブルやフォームなどからデータを入力するときに、ステータスバーに表示されます。説明欄は、空欄でも構いません。

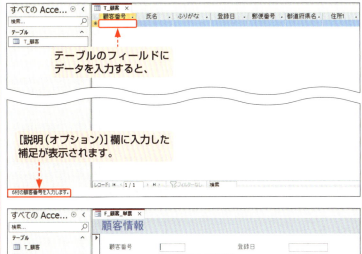

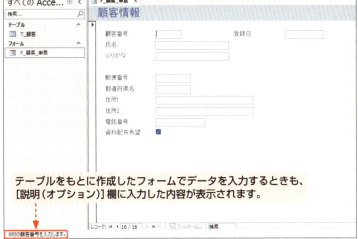

Memo

設計はあとから変更できる

テーブルの設計はあとから変更できます。ただし、テーブルにデータを入力したあとにフィールドのデータ型などを変更すると、入力済みのデータが削除されてしまう場合もあるので注意が必要です。

▶ Section 10　第2章 | テーブルを見てみよう

新しいテーブルを作成する方法を知ろう

作成済みのテーブルを使う場合でも、Accessを使う上で基本となるテーブルを作成する方法を知っておくことは大切です。ここでは、新しくテーブルを作成するときの操作を確認しましょう。

① テーブルを作成する

1 24ページの操作で新しいデータベースを開いておきます。

2 [作成]タブをクリックし、

3 [テーブルデザイン]をクリックします。

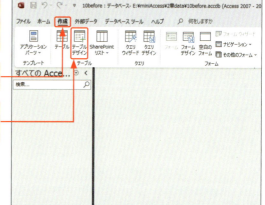

4 新しいテーブルが作成されて、デザインビューで開きます。

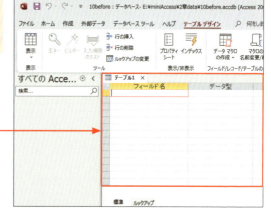

② フィールドを追加する

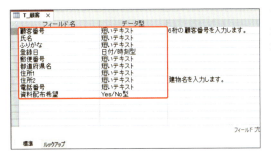

フィールドを追加し、データ型を指定します（42ページ参照）。

③ 主キーを設定する

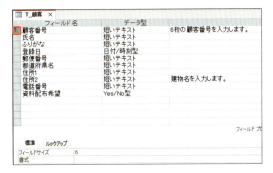

主キー🔑を指定します。主キーとは、データを区別するキーになるフィールドです（46ページ参照）。

④ フィールドプロパティを設定する

各フィールドの詳細を設定します（48ページ参照）。

⑤ テーブルを保存する

設定したテーブルに名前を付けて保存します（50ページ参照）。

▶ Section 11　第2章 | テーブルを見てみよう

フィールドを修正しよう

「顧客番号」や「氏名」など、テーブルに必要な項目をフィールドと呼びます。フィールドは、あとから修正や追加が可能です。また、フィールドは並び順を変更することもできます。

① フィールドを追加する

1. 40ページの方法で新しいテーブルを作成します。
2. [フィールド名] 欄の一番上の行をクリックします。

3. フィールド名（ここでは「顧客番号」）を入力すると、フィールドが追加されます。

4. 同様に、下の行にもフィールド名を入力します。
5. 「顧客番号」フィールドの [説明] 欄に説明を入力します。

② フィールドの並び順を変更する

1 順番を変更するフィールド(ここでは「登録日」)の
フィールドセレクター □ をクリックし、

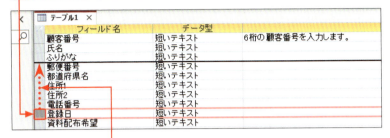

2 移動先(ここでは「ふりがな」の下)にドラッグします。

3 フィールドの順番が変更できました。

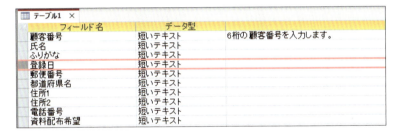

📖 Memo

フィールドを削除する

フィールドを削除するには、削除するフィールドのフィールドセレクターをクリックし、[テーブルデザイン]タブの[行の削除]をクリックします。確認メッセージで[はい]をクリックすると、フィールドは削除されます。なお、フィールドを削除すると、そのフィールドに入力済みのデータも一緒に削除されます。

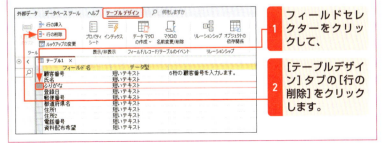

1 フィールドセレクターをクリックして、

2 [テーブルデザイン]タブの[行の削除]をクリックします。

▶ Section **12**　第2章　テーブルを見てみよう

データ型の種類を知ろう

フィールド名を入力したら、フィールドごとにデータ型を設定します。データ型とは、フィールドにどんな種類のデータを入力するのかを指定するものです。データ型にはさまざまな種類があります。

① データ型を指定する

1 「登録日」フィールドの [データ型] 欄をクリックし、

2 表示される ▽ をクリックします。

3 一覧からデータ型（ここでは [日付/時刻型]）をクリックします。

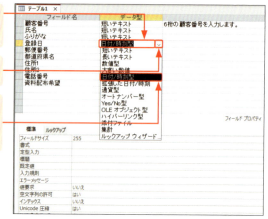

4 データ型を指定できました。

5 同様に「資料配布希望」フィールドのデータ型を [Yes/No型] に設定します。

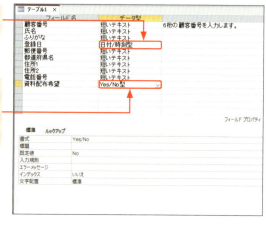

② データ型の種類

フィールドのデータ型には、次のような種類があります。

データ型	内容	サイズ
短いテキスト	文字データ、文字や数字を組み合わせたデータが入ります。	最大255文字
長いテキスト	文字数の多い文字データが入ります。	最大1GB
数値型	計算できる数値データが入ります。	1/2/4/8/12/16バイト
大きい数値	SQL Server のbigint型と互換性のある大きな数値データが入ります。Access2016（16.0.7812）以降で利用できます。	8バイト
日付/時刻型	日付や時刻のデータが入ります。	8バイト
拡張した日付/時刻型	SQL Server のdatetime2型と互換性のある日付データが入ります。Access2019以降で利用できます。	42バイト
通貨型	金額のデータが入ります。	8バイト
オートナンバー型	新しいデータを入れるときに、Accessが自動的に番号を振る特殊なデータ型です。	4/16バイト
Yes/No型	二者択一のデータが入ります。	1バイト
OLEオブジェクト型	ほかのアプリで作成したデータが入ります。	最大2GB
ハイパーリンク型	インターネットのURLやファイルへのリンクアドレスなどのリンク情報が入ります。	最大8,192文字
添付ファイル	Excelファイルや画像ファイルなどの添付ファイルが入ります。	最大2GB
集計	フィールド同士の計算結果などが入ります。	データ型による
ルックアップウィザード	入力候補の一覧から選んだデータが入ります。	データ型による

📖 Memo

Accessで扱う主なデータ型

データを入力するときによく使うデータ型は次の通りです。

入力するデータ	使用するデータ型
数値データ	計算する数値は「数値型」を指定します。
日付／時刻のデータ	日付や時刻のデータは「日付/時刻型」を指定します。
自動で採番	自動で番号を振るデータは「オートナンバー型」を指定します。ただし、削除したデータの番号は欠番になります（68ページ参照）。
ファイルの添付	添付ファイルのデータを保存するには「添付ファイル」を指定します。

第2章 テーブルを見てみよう

▶ Section **13**　第2章 | テーブルを見てみよう

主キーを確認しよう

主キーは**テーブル内のデータを区別するためのフィールド**で、「顧客番号」や「商品番号」など、**同じデータが存在しないフィールド**を設定します。主キーを設定したフィールドには、鍵のマーク🔑が表示されます。

① 主キーとは

主キーとは、ほかのデータと区別するための特別なフィールドのことです。主キーには、ほかのレコードと同じデータを入力することはできません。また、主キーのフィールドは空のままにしておくことができません。主キーには、必ずデータが入力されるフィールドを指定します。

📖 Memo

主キーは必ず設定する？

主キーを設定せずにテーブルを保存することは可能です。ただし、主キーを設定するとデータの検索や並べ替え処理などが高速になるので、原則として主キーを設定しましょう。なお、複数のテーブルのデータを組み合わせて利用する場合は、主キーの設定が必須です。

② 主キーを設定する

1 「顧客番号」フィールドのフィールドセレクターをクリックして、フィールドを選択します。

フィールド名	データ型	
顧客番号	短いテキスト	6桁の顧客番号を入力します。
氏名	短いテキスト	
ふりがな	短いテキスト	
登録日	日付/時刻型	
郵便番号	短いテキスト	
都道府県名	短いテキスト	
住所1	短いテキスト	
住所2	短いテキスト	
電話番号	短いテキスト	
資料配布希望	Yes/No型	

テーブル1 ×

フィールド プロパティ

標準　ルックアップ

46

2 [テーブルデザイン]タブの[主キー]をクリックします。

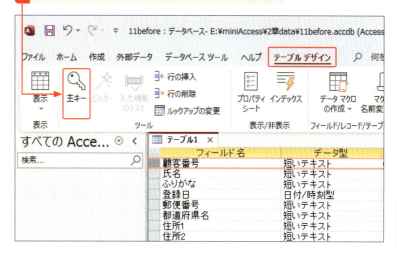

3 「顧客番号」に主キーが設定されます。フィールドセレクターに鍵のマークが表示されます。

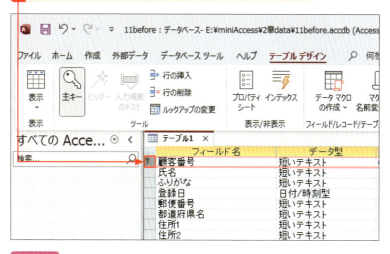

📖 Memo

主キーを解除するには？

主キーを解除するには、主キーを設定したフィールドセレクターをクリックし、[テーブルデザイン]タブの[主キー]をクリックします。[主キー]をクリックするたびに、設定と解除が交互に実行されます。

▶ Section **14**

第2章 | テーブルを見てみよう

入力項目をさらに細かく
設定しよう

フィールドを設定したら、各フィールドに対して細かな設定を行います。この設定項目を**フィールドプロパティ**と呼びます。設定できるフィールドプロパティは、フィールドのデータ型によって異なります。

① 主なフィールドプロパティの種類

フィールドプロパティ	内容
フィールドサイズ	入力する文字のサイズや数値の範囲を指定します。
書式	入力されたデータをどのように表示するか指定します。
定型入力	データを入力するときの形式を指定します。
既定値	既定で入力するデータを指定します。
入力規則	データを入力するときのルールを指定します。
エラーメッセージ	ルールに合わないデータが入力されたときに表示するメッセージを表示します。
値要求	データの入力を必須にするかを指定します。
空文字列の許可	長さ0の文字列を入力できるようにするか指定します。
IME入力モード	フィールドに文字カーソルが移動したときの入力モードを指定します。
IME変換モード	フィールドに文字カーソルが移動したときの変換モードを指定します。
ふりがな	データを入力したときに、ほかのフィールドによみがなを自動的に入力する場合に指定します。
住所入力支援	郵便番号から住所、住所から郵便番号を自動的に入力する場合に指定します。
文字配置	入力した文字の配置を指定します。

📖 **Memo**

フィールドプロパティはデータを入力する前に設定しよう

テーブルにデータを入力したあとにフィールドプロパティの設定を変更すると、既存のデータに影響する可能性があります。たとえば、入力できる文字数を小さくすると、入力済みのデータの一部が消えてしまう場合があります。

② フィールドプロパティを確認する

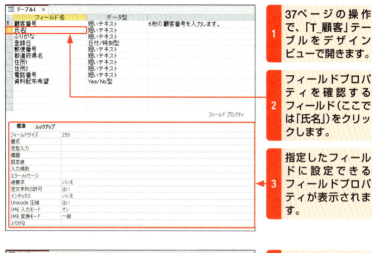

1 37ページの操作で、「T_顧客」テーブルをデザインビューで開きます。

2 フィールドプロパティを確認するフィールド(ここでは「氏名」)をクリックします。

3 指定したフィールドに設定できるフィールドプロパティが表示されます。

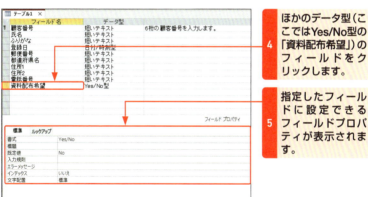

4 ほかのデータ型(ここではYes/No型の「資料配布希望」)のフィールドをクリックします。

5 指定したフィールドに設定できるフィールドプロパティが表示されます。

📘 Memo

フォームでの入力にも反映される

テーブルのフィールドにフィールドプロパティを設定すると、このテーブルをもとに作成したフォームからデータを入力するときにも、テーブルで設定したフィールドプロパティのルールが適用されます。たとえば、入力できる文字数を設定すると、フォームでも設定した文字数分までしかデータを入力できなくなります。

▶Section 15

第2章 | テーブルを見てみよう

テーブルを保存しよう

テーブルの設計が完了したら、テーブルに名前を付けて保存します。いったん保存した後でテーブルの設定を変更したときは、[上書き保存]をクリックして最新の内容に更新しましょう。

① テーブルを保存する

1 画面左上の[上書き保存]をクリックします。

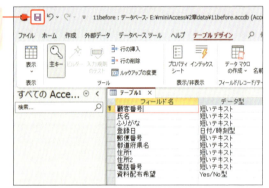

2 [名前を付けて保存]画面が表示されます。

3 [テーブル名]に「T_顧客」と入力し、

4 [OK]をクリックします。

📖 Memo

テーブル名の付け方

テーブル名は自由に付けられます。本書では、オブジェクトを選択するときにテーブルであることがひと目でわかるようにするため、テーブル名の先頭に「T_」という英字と記号を付けています。なお、テーブルなどのオブジェクトの名前を付けるとき、[ ](角括弧)など一部の記号は使用できません。

② テーブルを上書き保存する

1 テーブルが保存されると、ナビゲーションウィンドウに
テーブル名が表示されます。

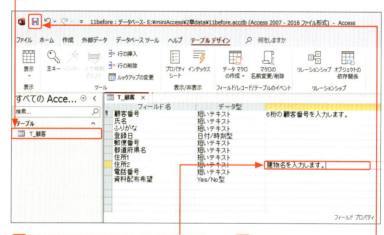

2 ここでは、「住所2」の[説明]欄に「建物名を入力します。」と入力します。

3 画面左上の[上書き保存]をクリックします。

📖 Memo

プロパティの更新オプション

テーブルの設計をあとから変更すると、「プロパティの更新オプション」のボタンが表示される場合があります。これは、このテーブルをもとに作成したフォームなどに、テーブルで変更した設定を反映するかを指定するものです。クリックして指定できます。

建物名を入力します。
🗗

📖 Memo

テーブル名を変更するには？

テーブル名を変更するには、ナビゲーションウィンドウでテーブル名を右クリックし、表示されるメニューの[名前の変更]をクリックします。そのテーブルをもとに作成したフォームやレポートがある場合、フォームやレポート側のもとのテーブル情報が自動的に更新されます。

StepUp

テーブルを削除する

不要なテーブルは削除できます。テーブルを削除すると、テーブルに保管されているデータも一緒に削除されます。あとでデータが必要になる可能性がある場合は、データベースファイルをバックアップをしておきましょう（232ページ参照）。

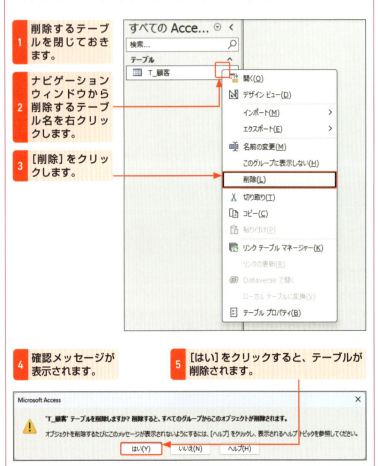

1. 削除するテーブルを閉じておきます。
2. ナビゲーションウィンドウから削除するテーブル名を右クリックします。
3. ［削除］をクリックします。
4. 確認メッセージが表示されます。
5. ［はい］をクリックすると、テーブルが削除されます。

Memo

ほかのオブジェクトへの影響について

テーブルをもとに作成したクエリ、フォーム、レポートなどのオブジェクトでは、もとのテーブルを削除するとデータが正しく表示されなくなります。テーブルを削除する際は、ほかのオブジェクトに影響がないか確認しましょう。

第 3 章

テーブルにデータを
入力しよう

▸ **Section 16** テーブルにデータを入力しよう

▸ **Section 17** テーブルのデータを見やすくしよう

▸ **Section 18** 入力したデータを修正しよう

▸ **Section 19** データをコピーして新規のデータを入力しよう

▸ **Section 20** データの並べ替え／検索を実行しよう

▸ **Section 21** 表示するデータを絞り込もう

▶ Section **16**　第3章 | テーブルにデータを入力しよう

テーブルにデータを入力しよう

フィールドプロパティの設定を確認しながら、テーブルのレコードにデータを入力します。データを入力したレコードは、ほかのレコードに移動したり、作業中のテーブルやフォームを閉じたりするタイミングで自動的に保存されます。

① データを入力する

1 「T_顧客」テーブルのデータシートビューを表示します。

2 先頭行の左端のフィールド（ここでは「顧客番号」フィールド）をクリックします。

3 フィールドに「K-0001」と入力して、Enterキーを押します。

4 カーソルが右のフィールドに移動するので、以下の表を参照して、「氏名」フィールド以降のデータを順に入力していきます。

フィールド	入力内容
顧客番号	K-0001
氏名	田中　薫
ふりがな	たなか　かおる
登録日	2024/10/08
郵便番号	162-0846
都道府県名	東京都
住所1	新宿区市谷左内町XXX-XX
住所2	タワービルXXX
電話番号	090-0000-XXXX
資料配布希望	Yes（クリックしてオンにします）

📖 Memo

入力をキャンセルする

データの編集中は、レコードセレクターに鉛筆のマーク 🖉 が表示されます。このとき
[Esc]キーを押すと、フィールドのデータ入力がキャンセルされます。もう一度[Esc]キー
を押すと、入力中のデータそのものがキャンセルされます。

📖 Memo

フィールドプロパティについて

「T_顧客」テーブルの各フィールドには、主として、次のようなフィールドプロパティ（48
ページ参照）を想定済みです。たとえば、「氏名」を入力すると、「ふりがな」によみがな
が自動表示されます。また、「登録日」に入力できるのは今日以前の日付だけです。

フィールド名	フィールドプロパティ	設定した内容
顧客番号	フィールドサイズ	6文字まで入力できます。
	定型入力	大文字の英字、「-」で区切って4桁の数字を入力します。
	IME入力モード	入力モードをオフにします。
氏名	フィールドサイズ	30文字まで入力できます。
	ふりがな	「氏名」の読み仮名を「ふりがな」に入力します。
ふりがな	フィールドサイズ	30文字まで入力できます。
	IME入力モード	入力モードをひらがなにします。
登録日	入力規則	今日以前の日付を入力します。
	エラーメッセージ	入力規則に合わないデータが入力されたとき、指定したメッセージを表示します。
郵便番号	フィールドサイズ	10文字まで入力できます。
	定型入力	3桁の数字、「-」で区切って4桁の数字を入力します。
	住所入力支援	「郵便番号」をもとに、「都道府県名」「住所1」にデータを入力します。
都道府県名	フィールドサイズ	10文字まで入力できます。
	住所入力支援	「都道府県名」「住所1」をもとに「郵便番号」を入力します。
住所1	フィールドサイズ	50文字まで入力できます。
	住所入力支援	「都道府県名」「住所1」をもとに「郵便番号」を入力します。
住所2	フィールドサイズ	50文字まで入力できます。
電話番号	フィールドサイズ	20文字まで入力できます。
	IME入力モード	IME入力モードをオフにします。
資料配布希望	既定値	新しいデータに「Yes」を入力します。

第3章 テーブルにデータを入力しよう

▶ Section **17**

第3章 | テーブルにデータを入力しよう

テーブルのデータを見やすくしよう

データシートビューで、フィールドの幅を変更したり表示順を変更したりして、データを見やすく整えます。横に長い表を見るときは、データを識別するフィールドを左端に固定しておくと便利です。

① フィールドの幅を変更する

1	「T_顧客」テーブルのデータシートビューを表示します。
2	「ふりがな」フィールドのフィールド名の右側にマウスポインターを移動し、
3	右方向にドラッグすると、

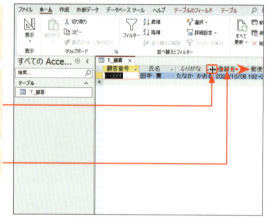

| 4 | フィールドの幅が広がります。 |

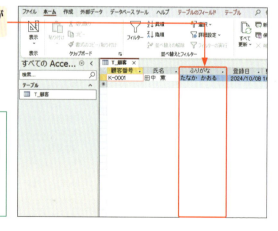

📖 Memo

行の高さを変更する

行の高さを変更するには、行の下の境界線部分をドラッグします。行の高さを変更すると、全レコードの行の高さが変わります。

② フィールドの表示順を変更する

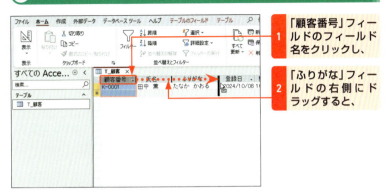

1 「顧客番号」フィールドのフィールド名をクリックし、

2 「ふりがな」フィールドの右側にドラッグすると、

3 「顧客番号」フィールドが移動します。

📘 Memo

テーブルを閉じると…

データシートビューでフィールドの幅などを変更したあとにテーブルを閉じると、テーブルのレイアウトの変更を保存するか確認するメッセージが表示されます。[はい]をクリックすると、変更した内容が保存されます。

📘 Memo

フィールドの幅を自動調整する

56ページの手順2の後でダブルクリックすると、すべてのデータが表示される幅に自動調整されます。

③ 列の表示／非表示を切り替える

1 「顧客番号」フィールドのフィールド名をクリックします。

2 [ホーム]タブの[その他]をクリックし、[フィールドの非表示]をクリックすると、

3 「顧客番号」フィールドが非表示になります。

4 [ホーム]タブの[その他]をクリックし、[フィールドの再表示]をクリックして、

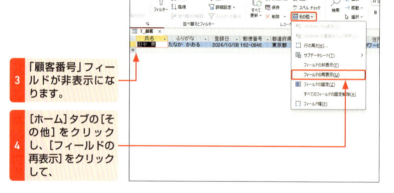

5 表示したいフィールドをクリックしてオンにし、

6 [閉じる]をクリックすると、再表示できます。

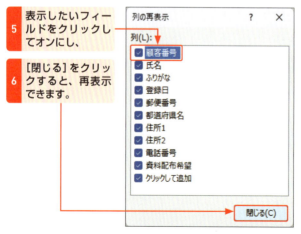

④ フィールドを固定して表示する

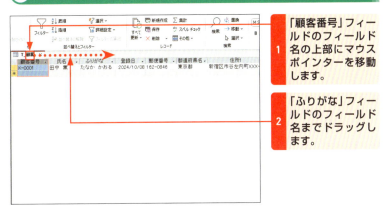

1 「顧客番号」フィールドのフィールド名の上部にマウスポインターを移動します。

2 「ふりがな」フィールドのフィールド名までドラッグします。

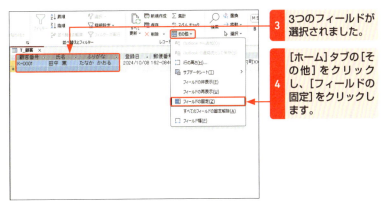

3 3つのフィールドが選択されました。

4 [ホーム]タブの[その他]をクリックし、[フィールドの固定]をクリックします。

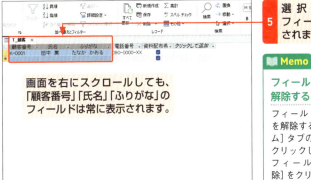

5 選択していたフィールドが固定されました。

画面を右にスクロールしても、「顧客番号」「氏名」「ふりがな」のフィールドは常に表示されます。

📖 Memo

フィールドの固定を解除する

フィールドの固定表示を解除するには、[ホーム]タブの[その他]をクリックし、[すべてのフィールドの固定解除]をクリックします。

▶ Section 18　第3章 テーブルにデータを入力しよう

入力したデータを修正しよう

入力したデータに間違いが見つかったら、あとから修正します。また、不要なデータは削除できますが、クイックアクセスツールバーの[元に戻す]をクリックして復元することはできません。削除するときは慎重に行いましょう。

① データを修正する

1 「T_顧客」テーブルのデータシートビューを表示します。

2 修正したいフィールド（ここでは[電話番号]）をクリックし、

3 正しいデータ（ここでは「080-0000-XXXX」）を入力してEnterキーを押します。

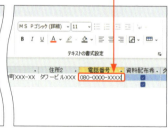

📖 Memo

レコードセレクターの記号

データの編集中は、レコードを選択するレコードセレクターに鉛筆のマーク🖉が表示されます。データの修正が完了したら、Enterキーを何度か押して2件目のデータの先頭にカーソルを移動すると、レコードが保存されます。

② レコードを削除する

1 削除したいレコードのレコードセレクターをクリックし、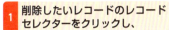

2 Deleteキーを押します。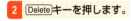

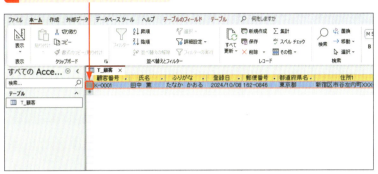

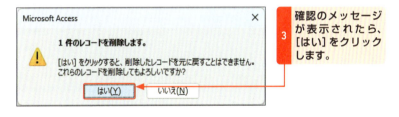

3 確認のメッセージが表示されたら、[はい]をクリックします。

4 レコードが1件分削除できました。

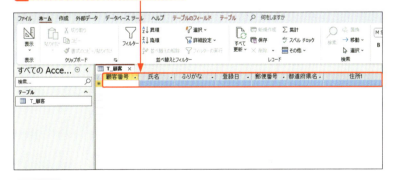

📖 Memo

[ホーム]タブから削除する

手順2で[ホーム]タブの[レコード]グループにある[削除]をクリックすることでも、レコードを削除できます。

▶ Section **19**　第3章 | テーブルにデータを入力しよう

データをコピーして 新規のデータを入力しよう

データ入力は短時間で効率よく行いたいものです。似たようなデータを入力するときは、過去に入力したレコードを丸ごとコピーして、部分的に修正すると作業効率がアップします。

① レコードをコピーする

1 「T_顧客」テーブルのデータシートビューを表示します。

2 コピー元のレコードセレクターをクリックし、

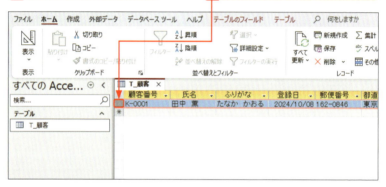

3 [ホーム] タブの [コピー] をクリックします。

4 最終行のレコードセレクターをクリックし、

5 [ホーム]タブの[貼り付け]をクリックします。

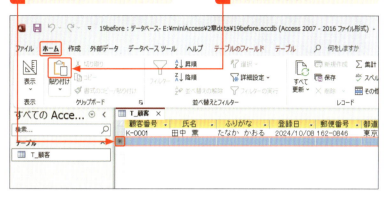

6 1件目のレコードをコピーできました。

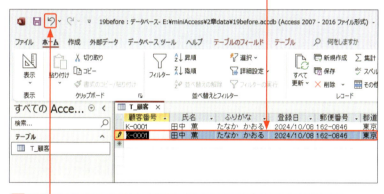

7 ここでは、クイックアクセスツールバーの[元に戻す]をクリックして、2件目のレコードを削除しておきます(Memo参照)。

📗 Memo

全く同じデータは保存できない

ここで解説する操作でレコードをコピーした状態のままでは、レコードは保存できません。これは、46ページの操作で「顧客番号」に主キーを設定しているため、同じ顧客番号のレコードを保存することはできないからです。レコードを保存しようとすると、以下のようなエラーメッセージが表示されます。

▶ Section 20　第3章 | テーブルにデータを入力しよう

データの並べ替え/検索を実行しよう

注目したいデータや修正対象のデータを探す際に、データシートビューでデータを1件ずつ目で追って探すのはたいへんです。並べ替えや検索を実行して、目的のデータを素早く表示しましょう。

① レコードを検索する

1. 「T_顧客」テーブルのデータシートビューを表示します。

2. [ホーム]タブの[検索]をクリックします。

3. 検索条件を指定し、

4. [次を検索]をクリックすると、

5. 検索結果が表示されます。

6. 次の検索結果を探すには、[次を検索]をクリックします。

📖 Memo

検索条件の指定方法

ここでは、テーブル全体から「大阪」の文字を含むデータを検索しています。[検索と置換]画面で[検索する文字列]を指定し、[探す場所]は[現在のドキュメント]、[検索条件]は[フィールドの一部分]、[検索方向]は[すべて]を指定しています。

② レコードを並べ替える

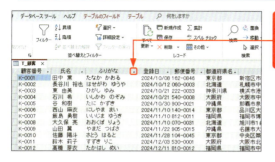

1. 「ふりがな」フィールドのフィールド名の横の▼をクリックし、

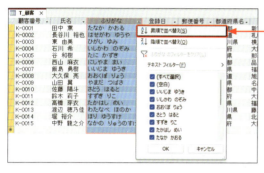

2. [昇順で並べ替え]をクリックします。

3. ふりがなの五十音順にデータ全体が並べ替わります。

📖 Memo

昇順と降順

[昇順で並べ替え]をクリックするとデータが小さい順(五十音順)、[降順で並べ替え]をクリックするとデータが大きい順(五十音順の逆)で並び変わります。

📖 Memo

並べ替えの指定を解除する

並べ替えの条件を解除するには、[ホーム]タブの[並べ替えの解除]をクリックします。

▶ Section **21**　第3章 | テーブルにデータを入力しよう

表示するデータを絞り込もう

特定の条件に一致したデータを表示することを**絞り込み**または**抽出**といいます。クエリを使って操作するのが一般的ですが、テーブルのデータシートビューでも絞り込みの操作を実行できます。

① レコードを絞り込む

1 「T_顧客」テーブルのデータシートビューを表示します。

2 「都道府県名」フィールドのフィールド名の横の ▼ をクリックします。

3 表示したいレコード（ここでは [東京都]）だけがオンの状態で、

4 [OK] をクリックします。

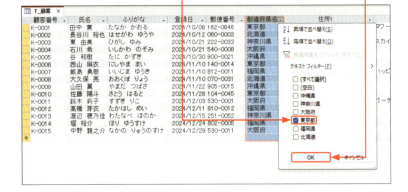

5 「都道府県名」が「東京都」のレコードだけが表示されます。

6 「都道府県名」フィールドのフィールド名の横の▼をクリックします。

7 [都道府県名のフィルターをクリア]をクリックします。

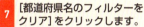

8 すべてのレコードが表示されます。

📖 Memo

並べ替えやフィルター条件を細かく指定するには？

「複数のフィールドに並べ替え条件を指定して、並べ替えの優先順位を指定する」「複雑なフィルター条件を指定する」などの操作をしたい場合は、[ホーム]タブの[詳細設定]から[フィルター/並べ替えの編集]をクリックして専用の画面を開きます。ただし、このような操作はクエリで行うのが一般的です。テーブルでのデータの並べ替えや抽出は、確認程度で利用しましょう。

Hint

オートナンバー型のデータを含むレコードについて

データ型に「オートナンバー型」を設定したときは、レコードを削除する際に注意が必要です。オートナンバー型は、Accessがほかのデータとは異なる番号（ユニーク番号）を自動的に振るデータ型です。そのため、削除したデータの番号は欠番になり、番号を詰めて入力し直すことはできません。番号を自分で決めて管理したい場合は、「数値型」などを使用するとよいでしょう。なお、オートナンバー型を設定できるフィールドは、1つのテーブルにつき1つだけです。

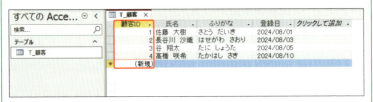

オートナンバー型が設定されているフィールドは、自動で番号が表示されます。

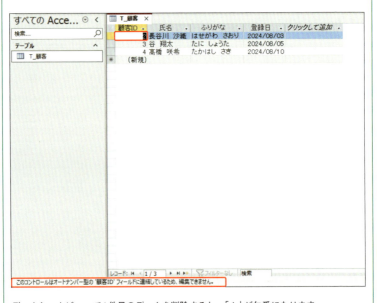

データシートビューで1件目のデータを削除すると、「1」が欠番になります。

第 **4** 章

リレーションシップで複数の
テーブルを結び付けよう

- ▸ Section **22** リレーションシップのしくみを知ろう
- ▸ Section **23** 本書で扱うリレーションシップを知ろう
- ▸ Section **24** リレーションシップの画面を開こう
- ▸ Section **25** リレーションシップを設定しよう
- ▸ Section **26** 参照整合性を理解しよう

▶ Section **22**

第4章 | リレーションシップで複数のテーブルを結び付けよう

リレーションシップの
しくみを知ろう

複数のテーブルを組み合わせて利用するには、テーブル同士に関連付け（リレーションシップ）を設定します。リレーションシップを設定して活用するデータベースを、リレーショナルデータベースといいます。

① リレーションシップとは

リレーショナルデータベースでは、複数のテーブルを共通のフィールドを使って関連付ける（リレーションシップを設定する）ことで、テーブル間のデータを互いに参照できるようになります。

「顧客」テーブル

「顧客番号」は主キーなので、データが重複することありません。

顧客番号	氏名	郵便番号	住所1
K1	田中	162-0846	新宿区市谷左内町 XXX
K2	長谷川	060-0003	札幌市中央区北三条西 XXX
K3	東	222-0033	横浜市港北区新横浜 XXX

「受注」テーブル

受注番号	受注日	顧客番号	商品番号	数量
A1	2024/10/08	K1	S1	2
A2	2024/10/12	K2	H2	1
A3	2024/10/21	K3	S1	1
A4	2024/10/21	K4	H1	2

共通の「顧客番号」フィールドにリレーションシップを設定します。

この受注データは「顧客番号」が「K1」です。「顧客」テーブルで参照すると、「田中」さんに辿り着くしくみです。

② テーブルを分けるときの考え方

商品の売上を管理する際に、受注情報や顧客情報、商品情報を1つのテーブルで管理しようとすると、フィールド数が多くなり、同じ顧客や商品の情報を何度も入力する必要があるなど、データ管理が煩雑になります。テーブルを分けるときは、1つのテーブルに同じデータが繰り返し出現しないようにします（Memo参照）。

1 1つのテーブルで管理した場合に、必要な情報を書き出す。

受注番号	受注日	氏名	顧客住所など・・・	商品名	価格など	数量
A1	2024/10/08	田中	・・・	コードレスクリーナー	・・・	2
A2	2024/10/12	長谷川	・・・	オーブンレンジ	・・・	1
A3	2024/10/21	東	・・・	コードレスクリーナー	・・・	1
A3	2024/10/21	石川	・・・	IH炊飯器	・・・	2

2 フィールドをテーマで分類し、主キーを設定する。
3 共通フィールドを用意して関連付ける。

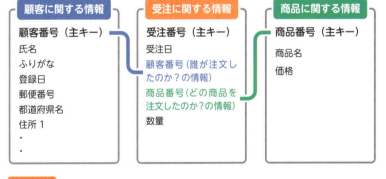

顧客に関する情報
顧客番号（主キー）
氏名
ふりがな
登録日
郵便番号
都道府県名
住所1
・
・

受注に関する情報
受注番号（主キー）
受注日
顧客番号（誰が注文したのか？の情報）
商品番号（どの商品を注文したのか？の情報）
数量

商品に関する情報
商品番号（主キー）
商品名
価格

📖 Memo

同じデータが出てこないようにする

ひとつのテーブルに同じデータが繰り返して出てくる場合は、さらにテーブルを分割することを検討します。たとえば、商品テーブルに「商品分類」フィールドを追加する場合、商品分類名に同じデータが繰り返し入力されます。その場合は、商品分類テーブルを作成し、商品テーブルと商品分類テーブルにリレーションシップを設定することで対応します。

▶Section 23　第4章 | リレーションシップで複数のテーブルを結び付けよう

本書で扱うリレーションシップを知ろう

本書では、売上データを管理する3つのテーブルを使います。これらのテーブルにリレーションシップを設定して利用します。テーブルの構成と、テーブル同士を結び付けるフィールドの存在を理解しましょう。

① 「売上管理」データベースファイルの構成

「T_受注」テーブルの「顧客番号」フィールドと「T_顧客」テーブルの「顧客番号」フィールドにリレーションシップを設定することで、「T_受注」テーブルから「T_顧客」テーブルのデータを参照できます。
また、「T_受注」テーブルの「商品番号」フィールドと「T_商品」テーブルの「商品番号」フィールドにリレーションシップを設定することで、「T_受注」テーブルから「T_商品」テーブルのデータを参照できます。

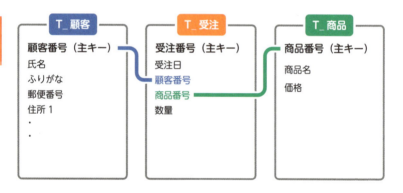

📖 Memo

日々の入力は「T_受注」テーブルで行う

「T_顧客」テーブルは顧客情報のマスター（原本）、「T_商品」テーブルは商品情報のマスターです。顧客や商品に変更があったとき以外は、日々の売上データの入力には「T_受注」テーブルを使います。

② 主キーと外部キー

テーブル同士にリレーションシップを設定する際に、多くの場合は「主キー」のフィールドと「外部キー」のフィールドを結び付けます。主キーとは、テーブル内のデータを区別するために使うフィールドで、外部キーとは、ほかのテーブルからデータを参照するために用意されるフィールドのことです。このとき、主キーを含むテーブルを「一側テーブル」、外部キーを含むテーブルを「多側テーブル」と言います。

「T_顧客」テーブル（一側テーブル）

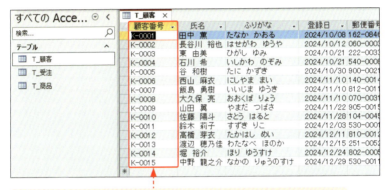

「T_顧客」テーブルの「顧客番号」は主キー。同じ顧客番号は存在しません。

「T_受注」テーブル（多側テーブル）

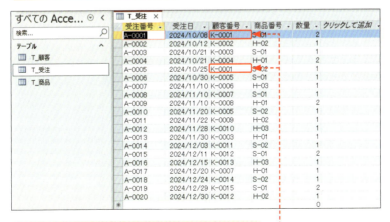

外部キーには、同じ顧客番号が登場しても構いません。

▶Section 24　第4章｜リレーションシップで複数のテーブルを結び付けよう

リレーションシップの画面を開こう

リレーションシップを設定/確認するには、リレーションシップの専用画面を開きます。ここでは、リレーションシップが設定されていないデータベースファイルを使って、設定の手順を確認します。

① リレーションシップウィンドウを開く

1 「売上管理(ファイル名＝24before.accdb)」のデータベースファイルを開きます。

2 [データベースツール]タブの[リレーションシップ]をクリックすると、

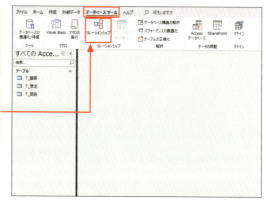

3 リレーションシップウィンドウと[テーブルの追加]作業ウィンドウが表示されます。

📝 Memo

[テーブルの追加]作業ウィンドウが表示されない場合

[テーブルの追加]作業ウィンドウが表示されない場合は、[リレーションシップのデザイン]タブの[テーブルの追加]をクリックします。

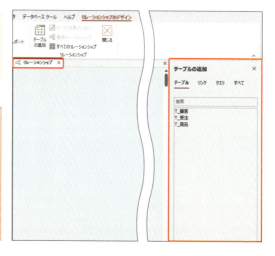

② テーブルを追加する

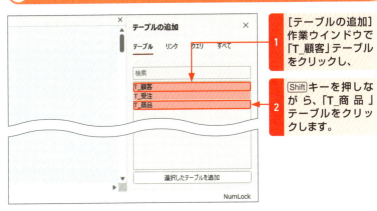

1 [テーブルの追加] 作業ウィンドウで「T_顧客」テーブルをクリックし、

2 Shiftキーを押しながら、「T_商品」テーブルをクリックします。

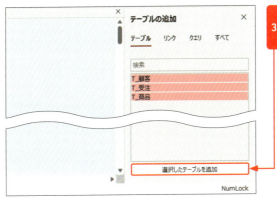

3 [選択したテーブルを追加] をクリックすると、

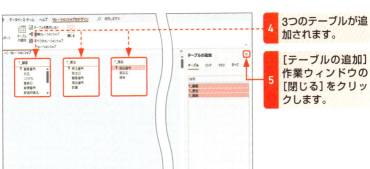

4 3つのテーブルが追加されます。

5 [テーブルの追加] 作業ウィンドウの [閉じる] をクリックします。

第4章 リレーションシップで複数のテーブルを結び付けよう

③ フィールドリストの配置を変更する

1 「T_商品」テーブルのフィールドリストの上部にマウスポインターを移動します。

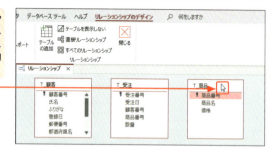

2 そのままドラッグすると、フィールドリストの配置を変更できます。

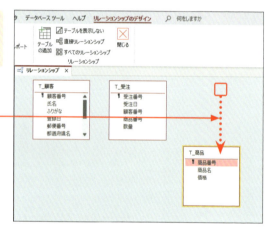

3 同様の方法で、フィールドリストを「T_顧客」→「T_受注」→「T_商品」の順番に並べます。

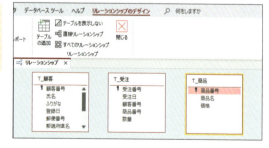

📖 Memo

フィールドリストの配置

あとでリレーションシップを設定するときに操作しやすいように、フィールドリストの並び順を変更します。なお、並び順を変更しなくてもリレーションシップは設定できます。

④ フィールドリストの大きさを変更する

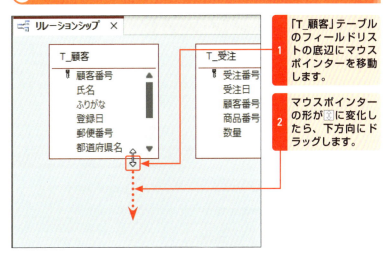

1. 「T_顧客」テーブルのフィールドリストの底辺にマウスポインターを移動します。
2. マウスポインターの形が変化したら、下方向にドラッグします。

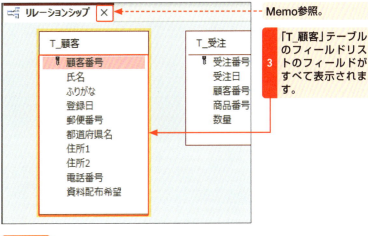

Memo参照。

3. 「T_顧客」テーブルのフィールドリストのフィールドがすべて表示されます。

📖 Memo

リレーションシップウィンドウを閉じる

リレーションシップウィンドウを閉じるには、[リレーションシップのデザイン]タブの[閉じる]をクリックします。リレーションシップのレイアウトの変更を保存するか確認するメッセージが表示されたら、[はい]をクリックします。

▶ Section 25

リレーションシップを設定しよう

いよいよリレーションシップを設定します。リレーションシップの設定画面を開き、「T_顧客」テーブルと「T_受注」テーブル、「T_商品」テーブルと「T_受注」テーブルにリレーションシップを設定します。

① 「T_顧客」テーブルと「T_受注」テーブルを関連付ける

1 74ページの方法で、リレーションシップウィンドウを開いておきます。

2 「T_顧客」テーブルのフィールドリストの「顧客番号」フィールドを、「T_受注」テーブルの「顧客番号」フィールドに向かってドラッグします。

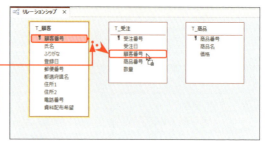

3 [参照整合性]をクリックしてオンにします。

4 [フィールドの連鎖更新]と[レコードの連鎖削除]をクリックしてオンにします(81ページ参照)。

5 [作成]をクリックします。

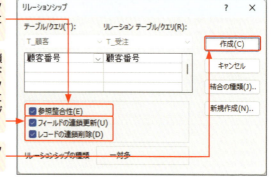

📝 Memo

共通フィールドのデータ型

リレーションシップを設定するには、共通のフィールドのデータ型が同じある必要があります。なお、データ型が数値型の場合は、フィールドサイズも同じである必要があります。

6 リレーションシップウィンドウに結合線が表示されます。参照整合性を設定している場合は、鍵の印の主キー側に「1」、外部キー側に「∞」のマークが表示されます。

7 同様に、「T_商品」テーブルのフィールドリストの「商品番号」フィールドを「T_受注」テーブルの「商品番号」フィールドに向かってドラッグしてリレーションシップを設定します。

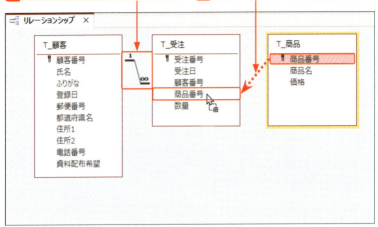

8 リレーションシップを設定できました。

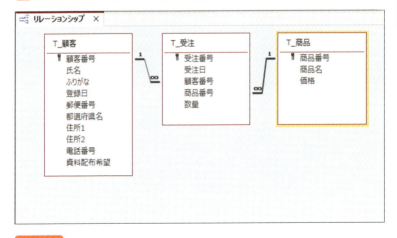

📖 Memo

リレーションシップを削除する

リレーションシップの結合線をクリックして Delete キーを押すと、リレーションシップを削除できます。確認メッセージが表示されたら [はい] をクリックします。

▶ Section 26

第4章 | リレーションシップで複数のテーブルを結び付けよう

参照整合性を理解しよう

一側テーブルと多側テーブルの間でリレーションシップを設定するときに、合わせて参照整合性を設定することもできます。参照整合性を設定すると、データを正確に保存するための3つのルールを追加できます。

① 参照整合性の3つのルール

参照整合性とは、「複数のテーブル間で参照されるデータが同一であることを保持するためのしくみ」です。参照整合性を設定すると、以下のような3つのルールを設定できます。これらのルールを設定することで、多側テーブルでの"データの迷子"をなくすことができ、データの整合性を保つのに役立ちます。

ルール	例
❶一側テーブルにないデータは、多側テーブルに入力できない	「T_受注」テーブル(多側テーブル)に「K-0020」の顧客の注文を入力したい。 ↓ 「T_顧客」テーブル(一側テーブル)に「K-0020」の顧客が存在しない場合は、「T_受注」テーブル(多側テーブル)に「K-0020」の顧客番号を入力できない。
❷多側テーブルにデータが存在している場合は、一側テーブルのデータは変更できない	「T_顧客」テーブル(一側テーブル)の顧客番号「K-0001」の番号を変更したい。 ↓ 「T_受注」テーブル(多側テーブル)に「顧客番号」が「K-0001」の顧客の注文データが存在する場合は、「T_顧客」テーブル(一側テーブル)の「K-0001」の顧客番号は変更できない。
❸多側テーブルにデータが存在している場合は、一側テーブルのデータは削除できない	「T_顧客」テーブル(一側テーブル)の顧客番号「K-0001」の顧客データを削除したい。 ↓ 「T_受注」テーブル(多側テーブル)に「顧客番号」が「K-0001」の顧客の注文データが存在する場合は、「T_顧客」テーブル(一側テーブル)の「K-0001」の顧客データは削除できない。

📖 Memo

ルールに違反するとどうなる？

参照整合性が設定されているとき、ルールに反する操作をすると、操作に応じて右のようなエラーが表示されます。

② 参照整合性の設定を緩和する

参照整合性を設定すると、データの参照性や安全性が高まる反面、融通のきかないデータベースになってしまう危険性もあります。「フィールドの連鎖更新」と「レコードの連鎖削除」の機能を組み合わせると、参照整合性のルールを緩和できます。

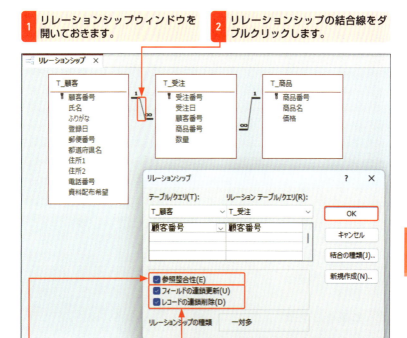

1. リレーションシップウィンドウを開いておきます。
2. リレーションシップの結合線をダブルクリックします。
3. [参照整合性]をクリックしてオンにします。
4. [フィールドの連鎖更新]と[レコードの連鎖削除]をクリックしてオンにすると、設定が緩和されます。

📖 Memo

フィールドの連鎖更新と連鎖削除

[フィールドの連鎖更新]がオンの場合、一側テーブルのデータを変更すると、多側テーブルの関連データも同時に修正されます。[レコードの連鎖削除]がオンの場合、一側テーブルのデータを削除すると、多側テーブルの関連データも自動的に削除されます。

☀ Hint

関連付けたテーブルのデータを表示する

リレーションシップを設定したテーブルを開くと、関連付けを設定したほかのテーブルのデータを同じ画面のサブデータシートで表示できます。たとえば、「T_顧客」テーブルを開くと、レコードの先頭に「+」記号が表示され、これをクリックすることで顧客ごとの受注データを見ることができます。「T_商品」テーブルを開くと、サブデータシートで商品ごとの受注データが表示されます。

1 ナビゲーションウィンドウで、「T_顧客」テーブルをダブルクリックして開きます。

2 レコードの先頭の+をクリックすると、

3 関連付けたテーブルの内容(ここでは、「T_受注」テーブルのデータ)がサブデータシートに表示されます。

4 先頭の-をクリックすると、もとの表示に戻ります。

5 「T_商品」テーブルを開くと、商品ごとの受注履歴をサブデータシートで確認できます。

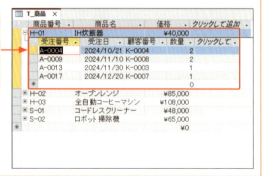

第 5 章

クエリを使って
データを抽出しよう

▸ Section 27　クエリの役割を知ろう

▸ Section 28　クエリを作る方法を知ろう

▸ Section 29　クエリのビューを切り替えよう

▸ Section 30　特定のフィールドを表示しよう

▸ Section 31　デザイングリッドのフィールドを削除／挿入しよう

▸ Section 32　クエリを実行／保存しよう

▸ Section 33　複数のテーブルにまたがってデータを抽出しよう

▸ Section 34　特定の条件に合ったデータを抽出しよう

▸ Section 35　あいまいな条件でデータを抽出しよう（ワイルドカード）

▸ Section 36　○○以上のデータを抽出しよう（比較演算子）

▸ Section 37　特定の期間のデータを抽出しよう（Between...And演算子）

▸ Section 38　データの並び順を指定しよう

▸ Section 39　複数の条件で並び順を指定しよう

▸ Section 40　上位○○件までを抽出しよう（トップ値）

▸ Section 41　毎回違う条件で抽出しよう（パラメータークエリ）

▸ Section 42　クエリで計算しよう（演算フィールド）

▸ Section 43　複数のフィールドを1つにまとめて表示しよう（＆演算子）

▸ Section 44　指定した月や月日のデータを表示しよう

▸ Section 45　小数点以下を切り捨てよう

▶ Section 27

第5章 | クエリを使ってデータを抽出しよう

クエリの役割を知ろう

クエリとは、テーブルのデータを並べ替えて表示したり、条件に一致するデータを抽出して表示したりするときに利用するオブジェクトです。また、データの計算や集計にも使います。

① クエリのしくみ

クエリを利用するには、最初に並べ替えや抽出の条件を「デザインビュー」で指定します。クエリを実行すると、設定された条件に一致するデータがテーブルから抽出されて、「データシートビュー」に表示されます。

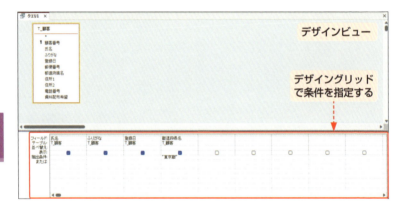

デザインビューで並べ替えや抽出の条件を指定します。

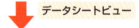

クエリを実行すると、条件に一致したデータがデータシートビューに表示されます。

❷ クエリの種類

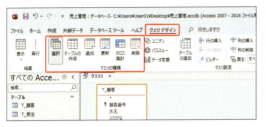

クエリは目的ごとにいくつかの種類があります。クエリの作成時に、[クエリデザイン] タブでクエリの種類を確認できます。代表的なクエリは以下の通りです。

選択クエリ 使用頻度の高い基本的なクエリです。1つまたは複数のテーブルから必要なフィールドを取り出したり、データを並べ替えたり、条件と一致したデータを抽出したりできます。選択クエリは以下のような種類があります。

選択クエリ	データの並べ替えや抽出を行います。
集計クエリ	グループ別にデータを集計します。
パラメータークエリ	クエリの実行時に毎回異なる抽出条件を指定できます。
重複クエリ	重複データを抽出します。
不一致クエリ	2つのテーブルまたはクエリ間で一致しないデータを抽出します。
クロス集計クエリ	行と列がクロスする部分の集計を行います。

アクションクエリ テーブルのデータを直接操作するクエリです。アクションクエリを実行すると、テーブルのデータが直接変更されるため、慎重に操作する必要があります。アクションクエリは以下のような種類があります。

更新クエリ	テーブルのデータを一括で更新します。
削除クエリ	テーブルのデータを削除します。
テーブル作成クエリ	新しいテーブルを作成します。
追加クエリ	既存のテーブルにデータを追加します。

SQLクエリ SQL (Structured Query Language) とは、データベースを操作する専用の言語のことです。SQLクエリはSQLを使って、他のクエリではできない複雑な処理を実行できます。SQLクエリには以下のような種類があります。なお、本書ではSQLの操作は解説していません。

ユニオンクエリ	複数のテーブルから指定したデータを取り出して、1つのテーブルにまとめます。
パススルークエリ	外部のデータベースと接続して利用します。
データ定義クエリ	より詳細なテーブルの定義を行います。

► Section 28　第5章 | クエリを使ってデータを抽出しよう

クエリを作る方法を知ろう

クエリの種類はいろいろありますが、基本的な作成手順は共通です。デザインビューでいちから作成する方法と、クエリウィザードで画面の指示に従って作成する方法があります。

① デザインビューで作成する

クエリのデザインビューで、いちからクエリを作成する方法です。

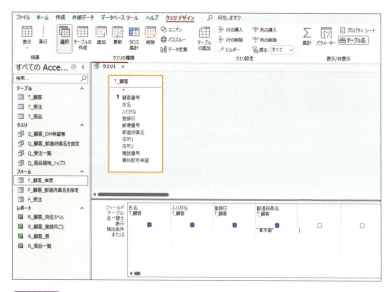

📖 Memo

クエリの作成方法の使い分け

クエリはデザインビューで条件を指定して作成するのが基本です。しかし、条件の設定が複雑な「クロス集計クエリ」「重複クエリ」「不一致クエリ」などは、クエリウィザードで画面の指示に従って作成するほうが効率的です。クエリによって作成方法を使い分けましょう。

② クエリウィザードで作成する

クエリの種類や必要なフィールド、データの並べ替えの条件や抽出条件などを、画面に表示される指示に従って設定する方法です。クエリウィザードには、「選択クエリウィザード」「クロス集計クエリウィザード」「重複クエリウィザード」「不一致クエリウィザード」などの種類があります。

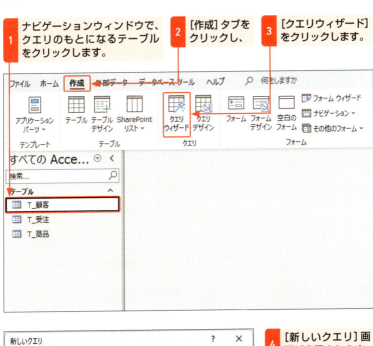

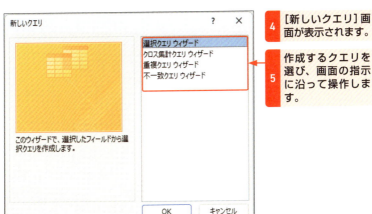

▶ Section 29　第5章｜クエリを使ってデータを抽出しよう

クエリのビューを切り替えよう

クエリには複数のビューが用意されています。クエリの実行結果を確認するときはデータシートビュー、クエリの条件を設定するときはデザインビューを使います。表示の切り替え方を知っておきましょう。

① データシートビューに切り替える

1　デザインビューで［クエリデザイン］タブや［ホーム］タブの［表示］をクリックすると、

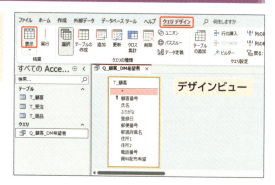

2　データシートビューに切り替わり、クエリの実行結果が表示されます。

🔆 Hint

ナビゲーションウィンドウから開く

選択クエリの場合は、ナビゲーションウィンドウのクエリ名をダブルクリックすると、データシートビューが表示されます。また、クエリ名を右クリックし、［デザインビュー］をクリックすると、デザインビューを直接開けます。

② デザインビューに切り替える

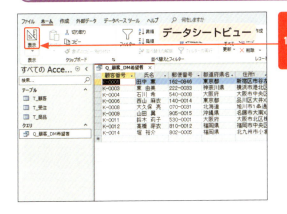

1. データシートビューで[ホーム]タブの[表示]をクリックすると、

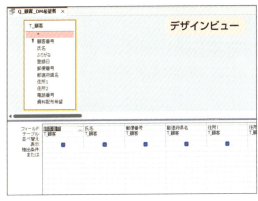

2. デザインビューに切り替わります。条件を設定したり、設定済みの条件を表示したりできます。

📖 Memo

ビューの一覧を表示する

[ホーム]タブの[表示]の▼をクリックすると、すべてのビューの一覧が表示され、目的のビューをクリックして切り替えることもできます。

第5章 クエリを使ってデータを抽出しよう

89

▶ Section 30

第5章 | クエリを使ってデータを抽出しよう

特定のフィールドを表示しよう

クエリのデザインビューを利用して、いちからクエリを作成します。ここでは、「T_顧客」テーブルに設定した10個のフィールドの中から、「顧客番号」「氏名」と「登録日」の3つのフィールドを表示します。

① 新しいクエリの作成画面（デザインビュー）を開く

1 ナビゲーションウィンドウで、クエリのもとになるテーブル（ここでは「T_顧客」テーブル）を選択します。

2 [作成]タブの[クエリデザイン]をクリックします。

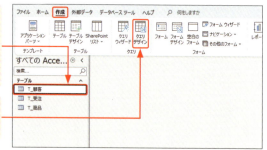

3 [テーブルの追加]作業ウィンドウで、[テーブル]タブの「T_顧客」テーブルが選択されていることを確認します。

4 [選択したテーブルを追加]をクリックします。

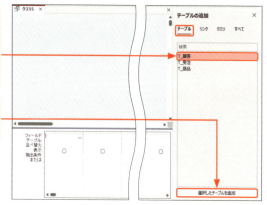

📖 Memo

クエリからクエリを作るには

クエリからクエリを作成するときは、[テーブルの追加]作業ウィンドウの上部の[クエリ]タブをクリックし、もとになるクエリを選択します。

② フィールドリストの配置を確認する

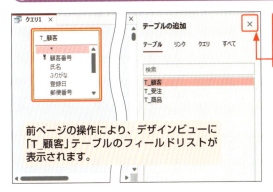

1 [閉じる]をクリックして、[テーブルの追加]作業ウィンドウを閉じます。

前ページの操作により、デザインビューに「T_顧客」テーブルのフィールドリストが表示されます。

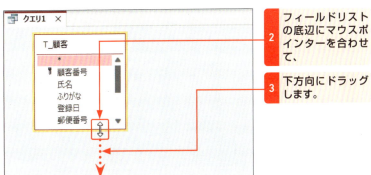

2 フィールドリストの底辺にマウスポインターを合わせて、

3 下方向にドラッグします。

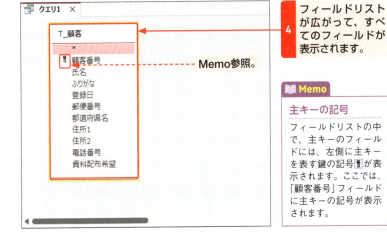

4 フィールドリストが広がって、すべてのフィールドが表示されます。

Memo参照。

📖 Memo

主キーの記号

フィールドリストの中で、主キーのフィールドには、左側に主キーを表す鍵の記号が表示されます。ここでは、「顧客番号」フィールドに主キーの記号が表示されます。

③ フィールドをデザイングリッドに追加する

1 フィールドリストの一覧の「顧客番号」フィールドにマウスポインターを移動します。

2 デザイングリッドにドラッグします。

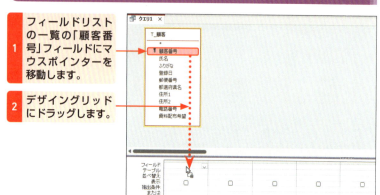

3 デザイングリッドに「顧客番号」フィールドが追加されます。

4 フィールドリストの「氏名」フィールドをダブルクリックします。

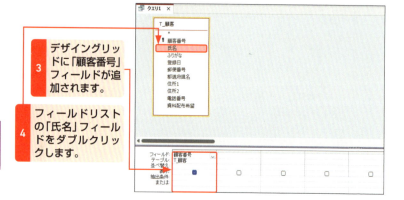

5 「氏名」フィールドがデザイングリッドに追加されます。

6 同様に、「登録日」フィールドをデザイングリッドに追加します。

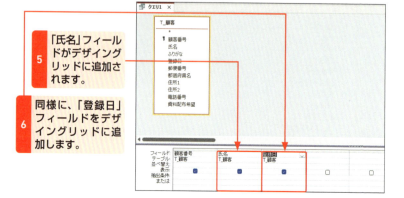

📖 Memo

フィールドをデザイングリッドに追加する方法

テーブルやクエリのフィールドをデザイングリッドに追加するには、手順2のようにフィールドをドラッグする方法と、手順4のようにフィールドをダブルクリックする方法があります。

④ クエリを実行する

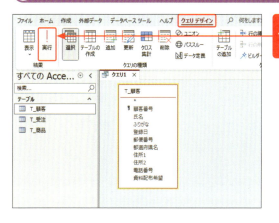

1 [クエリデザイン]タブの[実行]をクリックします。

2 クエリの実行結果が表示されます。

📖 Memo

クエリの実行

選択クエリは、[ホーム]タブや[クエリデザイン]タブの[表示]/[実行]をクリックすることでも表示/実行できます。ただし、6章で紹介するアクションクエリでは、[実行]でクエリを実行します。

▶Section 31　第5章 | クエリを使ってデータを抽出しよう

デザイングリッドの
フィールドを削除／挿入しよう

デザイングリッドに追加したフィールドは、あとから<mark>不要なフィールド</mark>を削除したり、指定した位置に<mark>別のフィールドを追加</mark>したりできます。デザイングリッドでフィールドを自在に扱えるようにしましょう。

① フィールドを削除する

1 Section30で作成したクエリをデザインビューで開きます。

2 デザイングリッドで、削除するフィールド(ここでは「氏名」フィールド)の上部をクリックして選択し、Deleteキーを押します。

3 フィールドが削除されて、右側のフィールドが左に移動します。

※ Hint

デザイングリッドの列幅

デザイングリッドの列幅を調整するには、フィールド名右側の境界線をドラッグします。

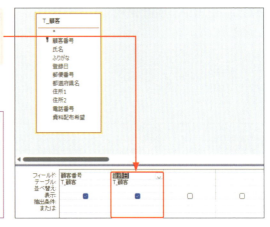

② フィールドを挿入する

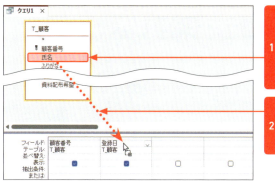

1. フィールドリストから、追加したいフィールド(ここでは「氏名」フィールド)にマウスポインターを移動します。

2. フィールドをデザイングリッドの追加したい位置にドラッグします。

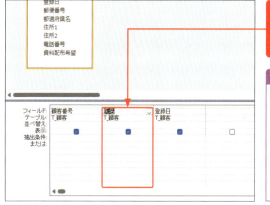

3. フィールドが追加されて、既存のフィールドが右に移動します。

※ Hint

フィールドの追加

空欄のフィールドを追加するには、デザイングリッドで追加したい位置のフィールドを選択し、[クエリデザイン] タブの [列の挿入] をクリックします。

③ フィールドの順番を変更する

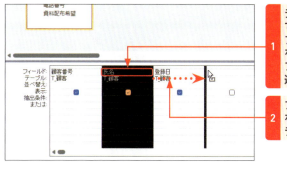

1. デザイングリッドで、移動したいフィールドの上部をクリックしてフィールド全体を選択します。

2. フィールドの上部を移動先までドラッグします。

第5章 クエリを使ってデータを抽出しよう

95

▶ Section 32　第5章｜クエリを使ってデータを抽出しよう

クエリを実行/保存しよう

選択クエリを実行すると、クエリのデータシートビューに実行結果が表示されます。クエリに名前を付けて保存しておくと、クエリを実行した際、最新のテーブルのデータをもとにした結果が表示されます。

① クエリを実行する

1 Section31で作成したクエリをデザインビューで開きます。

2 [クエリデザイン]タブの[実行]をクリックします。

3 クエリの実行結果が表示されます。

② クエリを保存する

1 クイックアクセスツールバーの[上書き保存]をクリックします。

2 クエリ名を入力し、

3 [OK]をクリックします。

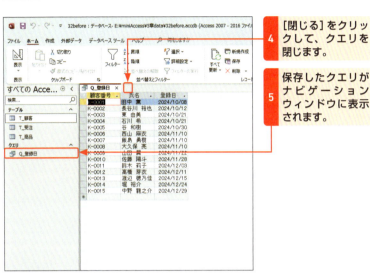

4 [閉じる]をクリックして、クエリを閉じます。

5 保存したクエリがナビゲーションウィンドウに表示されます。

📖 Memo

クエリ名の付け方

クエリの名前は自由に付けられます。テーブルやクエリなどのオブジェクトを選択するときに、オブジェクトの違いがひと目でわかるようにするため、本書ではクエリの名前の先頭に「Q_」という記号を付けて保存しています。なお、クエリなどのオブジェクトの名前には、[ ]（各括弧）など一部の記号は使用できません。

📖 Memo

クエリ名を変更するには

クエリ名を変更するには、ナビゲーションウィンドウで名前を変更するクエリを右クリックして[名前の変更]をクリックします。

📖 Memo

クエリにはデータは保存されない

Accessでは、データはすべてテーブルで一元管理しています。クエリ自体にテーブルのデータが保存されているわけではないので、クエリを削除してもテーブルのデータに影響はありません。

▶ Section 33　第5章 | クエリを使ってデータを抽出しよう

複数のテーブルにまたがってデータを抽出しよう

クエリを使用すると、複数のテーブルから必要なデータを抽出できます。ここでは、「T_受注」テーブル、「T_顧客」テーブル、「T_商品」テーブルの3つのテーブルを使用して、注文情報の一覧を表示します。

1 新しいクエリのデザインビューを開く

1 [作成] タブの [クエリデザイン] をクリックします。

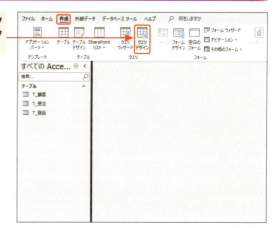

2 「テーブルの追加」作業ウィンドウで「T_顧客」テーブルをクリックします。

3 Shiftキーを押しながら「T_商品」テーブルをクリックして、

4 [選択したテーブルを追加] をクリックします。

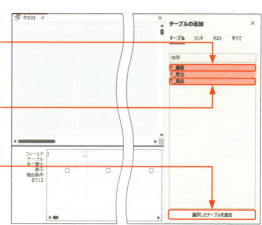

② クエリを設計する

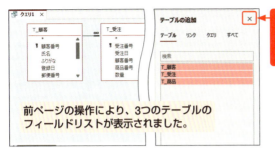

1 「テーブルの追加」作業ウィンドウの[閉じる]をクリックします。

前ページの操作により、3つのテーブルのフィールドリストが表示されました。

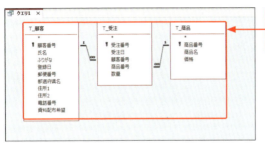

2 フィールドリストの配置や大きさなどを整えます。

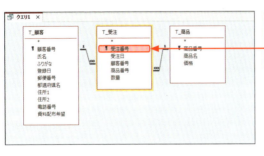

3 「T_受注」テーブルの[受注番号]フィールドをダブルクリックします。

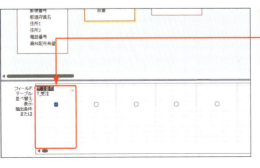

4 デザイングリッドに「受注番号」フィールドが追加されました。

5 同様の操作で、右の順番で7つの各フィールドをデザイングリッドに追加します。

テーブル	フィールド
「T_受注」	「受注日」
「T_受注」	「顧客番号」
「T_顧客」	「氏名」
「T_受注」	「商品番号」
「T_商品」	「商品名」
「T_商品」	「価格」
「T_受注」	「数量」

6 3つのテーブルから、デザイングリッドに8つのフィールドを追加できました。

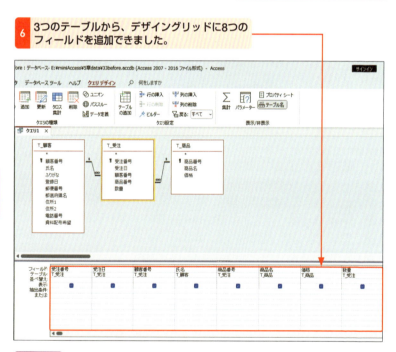

Memo

共通フィールドを追加するときは

ここでは、共通フィールドをデザイングリッドに追加するときに、「T_受注」テーブルの「顧客番号」フィールドをデザイングリッドに追加しています。これは、「T_受注」テーブルに保存されている「顧客番号」を表示し、その「顧客番号」に対応する「氏名」を「T_顧客」テーブルから参照するためです。

③ クエリを実行する

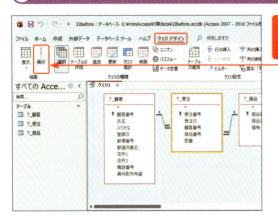

1. [クエリデザイン]タブの[実行]をクリックします。

2. クエリが実行されて、複数のテーブルからフィールドが表示されます。

3. 56ページの方法で、「商品名」の列幅を広げます。

4. 96ページの方法で、「Q_受注一覧」という名前でクエリを保存します。

📖 Memo

顧客名や商品名が表示される

「顧客番号」や「商品番号」だけでは内容がわかりません。クエリを使うことによって、他のテーブルからデータを参照し、「顧客名」や「商品名」を表示することができます。

▶ Section 34

第5章 | クエリを使ってデータを抽出しよう

特定の条件に合った データを抽出しよう

「T_顧客」テーブルのデータから、資料配布を希望している顧客だけを抽出するクエリを作成します。デザイングリッドの[抽出条件]欄に条件を指定すると、条件に一致したデータだけを抽出できます。

① 条件を指定してデータを抽出する

1 「T_顧客」テーブルをもとに、新規にクエリを作成します。

2 「顧客番号」「氏名」「郵便番号」「都道府県名」「住所1」「住所2」「資料配布希望」の各フィールドをデザイングリッドに追加します。

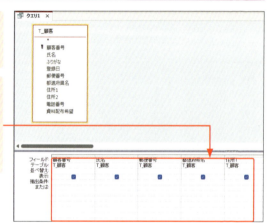

3 「資料配布希望」フィールドの[抽出条件]欄をクリックします。

4 「Yes」と入力して、Enterキーを押します。

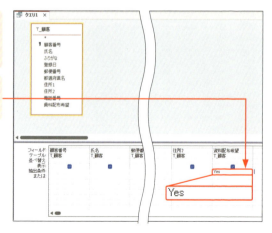

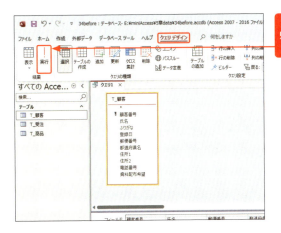

5 「クエリデザイン」タブの[実行]をクリックします。

6 「資料配布希望」が「Yes」のデータだけが抽出されました。

7 「Q_顧客_DM希望者」という名前でクエリを保存します。

📖 Memo

AND条件とOR条件

複数の条件を指定するとき、すべての条件を満たした際に成立する条件を「AND条件」、条件のいずれか1つでも満たした際に成立する条件を「OR条件」と言います。「抽出条件」欄の同じ行に条件を指定するとAND条件、異なる行に条件を指定するとOR条件になります。また、両者を組み合わせて指定することもできます。以下の図では、「東京都在住の資料配布希望者」か「福岡県在住の資料配布希望者」のいずれかが抽出されます。

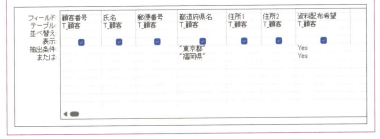

▶ Section 35　第5章｜クエリを使ってデータを抽出しよう

あいまいな条件でデータを抽出しよう（ワイルドカード）

「T_顧客」テーブルから、福岡市在住の顧客を抽出するクエリを作成します。「住所の先頭が"福岡市"で始まれば、あとに続く文字は何でもよい」というあいまいな条件を指定するには、ワイルドカードを使います。

① あいまいな条件を指定してデータを抽出する

1　「T_顧客」テーブルをもとに、新規にクエリを作成します。

2　「顧客番号」「氏名」「郵便番号」「都道府県名」「住所1」「住所2」「資料配布希望」の各フィールドをデザイングリッドに追加しておきます。

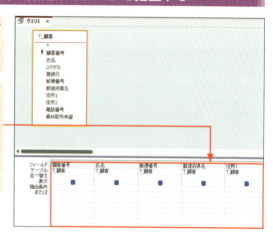

3　「住所1」フィールドの［抽出条件］欄に「福岡市*」と入力して、Enterキーを押します。

📖 Memo

ワイルドカードは半角文字で入力する

手順 3 で入力する「*」はワイルドカードの記号です。ワイルドカードは必ず半角文字で入力します。

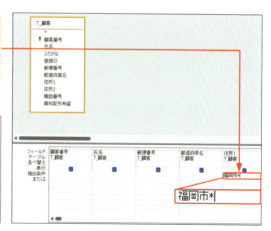

104

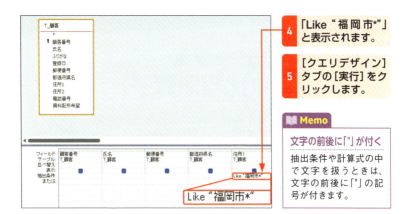

4 「Like "福岡市*"」と表示されます。

5 [クエリデザイン]タブの[実行]をクリックします。

Memo
文字の前後に「"」が付く

抽出条件や計算式の中で文字を扱うときは、文字の前後に「"」の記号が付きます。

6 「住所1」が「福岡市」で始まるデータだけが抽出されました。

7 「Q_顧客_福岡市」という名前でクエリを保存します。

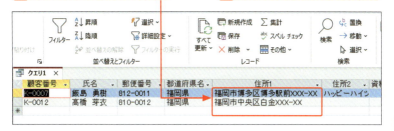

Memo
自動的に「Like」が付く

手順3で「福岡市*」と入力して Enter キーを押すと、自動的に「Like "福岡市*"」と表示されます。これは、「Like演算子」と呼ばれるもので、ワイルドカードを使って文字列を検索するための演算子です。

Memo
ワイルドカードの使用方法

手順3で入力した「福岡市*」は、「"福岡市"から始まれば、後に続く文字列は何でもよい」という意味です。「*」を入力する位置によって、以下のようなあいまいな条件を指定できます。

抽出条件	ワイルドカードの指定例
「氏名」が「佐藤」で始まるデータを抽出する	佐藤*
「氏名」が「子」で終わるデータを抽出する	*子
「氏名」に「明」が含まれるデータを抽出する	*明*

第5章 クエリを使ってデータを抽出しよう

▶Section 36　第5章｜クエリを使ってデータを抽出しよう

○○以上のデータを抽出しよう（比較演算子）

「T_顧客」テーブルから、「登録日」が2024年12月1日以降の顧客を抽出するクエリを作成します。「○○以上」や「○○以下」などの条件は、「＞=」や「＜=」などの比較演算子を使って指定します。

① 特定の日付以降のデータを抽出する

1. 「T_顧客」テーブルをもとに、新規にクエリを作成します。

2. 「顧客番号」「氏名」「登録日」の各フィールドをデザイングリッドに追加しておきます。

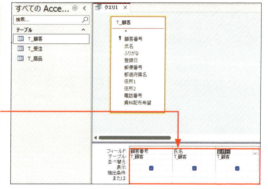

3. 「登録日」の[抽出条件]欄に「>=2024/12/01」と入力して、Enterキーを押します。

Memo

日付には「#」が付く

手順3で「>=2024/12/01」と入力してEnterキーを押すと、自動的に日付の前後に「#」記号が表示されます。これは、抽出条件や計算式の中で日付を扱うときに指定される記号です。

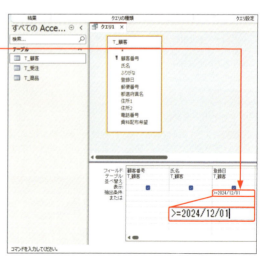

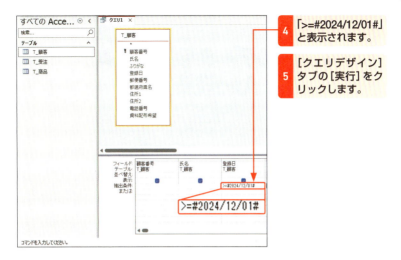

4 「>=#2024/12/01#」と表示されます。

5 [クエリデザイン]タブの[実行]をクリックします。

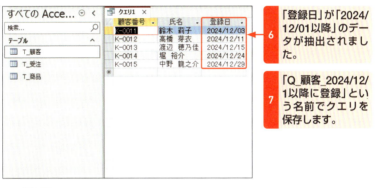

6 「登録日」が「2024/12/01以降」のデータが抽出されました。

7 「Q_顧客_2024/12/1以降に登録」という名前でクエリを保存します。

Memo

比較演算子

比較演算子とは、「以上」「以下」「等しい」などを表す記号のことです。抽出条件では、以下のような比較演算子を利用できます。比較演算子は半角文字で入力します。

比較演算子	意味	指定例	抽出結果
>=	以上	> =100	100以上
>	より大きい	> 100	100より大きい
<=	以下	< =100	100以下
<	より小さい	< 100	100より小さい
<>	等しくない	<> 100	100以外
=	等しい	= 100	100と等しい

▶ Section 37　第5章 | クエリを使ってデータを抽出しよう

特定の期間のデータを抽出しよう
(Between...And演算子)

「T_顧客」テーブルのデータから、「登録日」が2024年12月1日から12月15日の15日間の顧客を抽出するクエリを作成します。特定の範囲を指定するには、Between...And演算子を使って抽出条件を指定します。

① 期間を指定してデータを抽出する

1 「T_顧客」テーブルをもとに、新規にクエリを作成します。

2 「顧客番号」「氏名」「登録日」フィールドをデザイングリッドに追加しておきます。

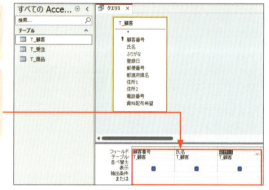

3 「登録日」の[抽出条件]欄をクリックし、「Between 2024/12/01 And 2024/12/15」と入力してEnterキーを押すと、

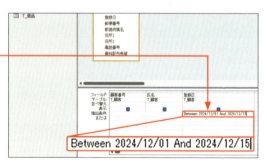

📕 Memo

Between...And演算子

Between...And演算子は必ず半角文字で入力し、「Between」の後ろと「And」の前後には半角のスペースが必要です。なお、手順3で入力する英字は大文字でも小文字でも構いません。Enterキーを押すと、自動的に「Between And」に変換されます。

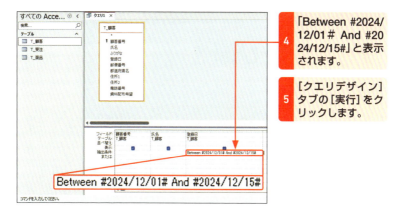

4 「Between #2024/12/01# And #2024/12/15#」と表示されます。

5 [クエリデザイン]タブの[実行]をクリックします。

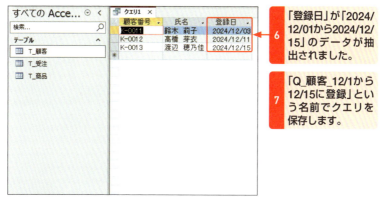

6 「登録日」が「2024/12/01から2024/12/15」のデータが抽出されました。

7 「Q_顧客_12/1から12/15に登録」という名前でクエリを保存します。

📖 Memo

日付には「#」が付く

手順3で「Between 2024/12/01 And 2024/12/15」と入力してEnterキーを押すと、自動的に日付の前後に「#」記号が表示されます。これは、抽出条件や計算式の中で日付を扱うときに指定される記号です。

💡 Hint

抽出条件の文字が欠ける場合は？

デザイングリッドで長い抽出条件を入力すると、文字の右側が切れてしまいます。すべての文字を表示するには、列幅を広げたいフィールド名の上部の右の境界線にマウスポインターを移動して、ダブルクリックします。すると、すべての文字が表示される列幅に自動調整されます。

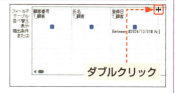

第5章 クエリを使ってデータを抽出しよう

▶ Section 38　第5章 ｜ クエリを使ってデータを抽出しよう

データの並び順を指定しよう

「T_顧客」テーブルのデータを「ふりがな」の五十音順に並べ替えるクエリを作成します。並べ替えはテーブルでも実行できますが、クエリを保存しておくと、クエリを開くだけで並べ替えを実行できます。

① データの並び順を指定する

1. 「T_顧客」テーブルをもとに、新規にクエリを作成します。

2. 「顧客番号」「氏名」「ふりがな」「登録日」の各フィールドをデザイングリッドに追加します。

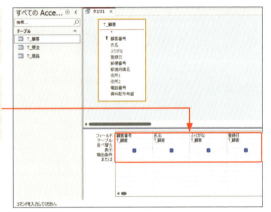

3. 「ふりがな」の[並べ替え]欄をクリックします。

4. ✓をクリックし、[昇順]をクリックします。

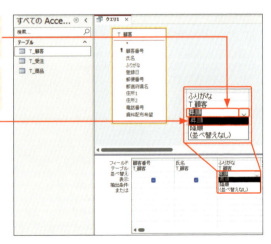

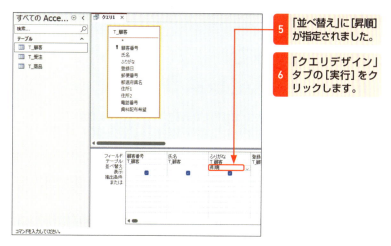

5 「並べ替え」に[昇順]が指定されました。

6 「クエリデザイン」タブの[実行]をクリックします。

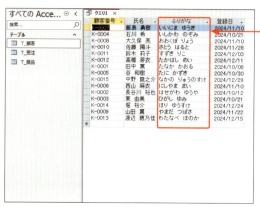

7 「ふりがな」の昇順（五十音順）に並べ替わりました。

8 「Q_顧客_ふりがな順」という名前でクエリを保存します。

📖 Memo

並べ替えを解除するには？

並べ替えを解除するには、手順4で[(並べ替えなし)]をクリックします。この状態でクエリを実行すると、並べ替えを解除できます。

☀ Hint

並べ替えの条件のフィールドを非表示にする

並べ替えの条件を指定した「ふりがな」フィールドを、クエリの実行結果に表示する必要がないときは、デザイングリッドで「ふりがな」の[表示]をクリックしてオフにします。

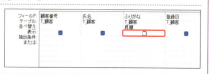

► Section **39**   第5章 | クエリを使ってデータを抽出しよう

複数の条件で並び順を指定しよう

同姓同名の顧客がいたときに、登録日の早い顧客を上に表示するには、「ふりがな」と「登録日」に並べ替えを指定します。複数の並べ替えの条件を設定した場合、デザイングリッドの左側にある条件の優先度が高くなります。

① 複数の条件で並べ替える

1 「T_顧客」テーブルをもとに、新規にクエリを作成します。

2 「顧客番号」「氏名」「ふりがな」「登録日」の各フィールドをデザイングリッドに追加します。

3 「ふりがな」と「登録日」の[並べ替え]欄に[昇順]を指定します。

4 [クエリデザイン]タブの[実行]をクリックします。

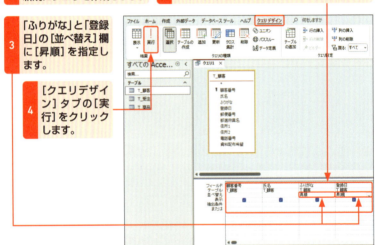

5 「顧客」の五十音順に並べ変わります。

6 「ふりがな」が同じ場合は、「登録日」が早い順に表示されます。

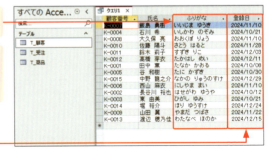

② 優先順位を変更する

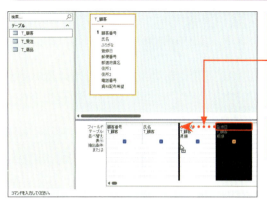

1 デザイングリッドで、「ふりがな」より右側にある「登録日」フィールドを「ふりがな」フィールドの左側に移動します。

2 [クエリデザイン]タブの[実行]をクリックします。

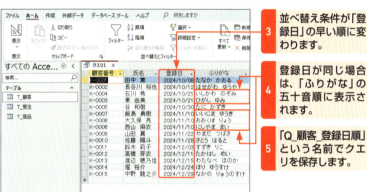

3 並べ替え条件が「登録日」の早い順に変わります。

4 登録日が同じ場合は、「ふりがな」の五十音順に表示されます。

5 「Q_顧客_登録日順」という名前でクエリを保存します。

🔆 Hint

もとの並び順のまま優先度だけを変更するには？

並べ替えの条件の優先度を変更すると、クエリの実行結果にも同じ順番でフィールドが表示されます。フィールドの並び順はもとのままで、フィールドの優先度だけ変更したい場合は、同じフィールドをデザイングリッドに追加し、左側に配置したフィールドで並べ替えの条件を設定して、フィールドを非表示にします（111ページ参照）。

データシートビューに表示するフィールドはもとの順番のままにします。

並べ替えの条件を設定するフィールドは左側に配置して、非表示にします。

▶Section **40** 第5章 | クエリを使ってデータを抽出しよう

上位〇〇件までを抽出しよう（トップ値）

「T_商品」テーブルから、「価格」の上から3番目までのデータを抽出します。「上位〇件」や「下位〇%」のような条件は、[トップ値]で指定します。最初に並べ替えをしておくことがポイントです。

1 上位3件を抽出する

1 「T_商品」テーブルをもとに、新規にクエリを作成します。

2 「T_商品」テーブルのフィールドリストのタイトルバーをダブルクリックします。

3 すべてのフィールドが選択されるので、いずれかのフィールドをデザイングリッドにドラッグします。

4 すべてのフィールドがデザイングリッドに追加されます。

5 「価格」フィールドの[並べ替え]欄で[降順]を選択します。

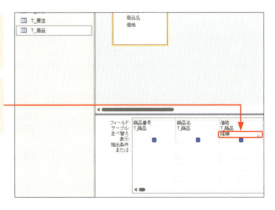

第5章 クエリを使ってデータを抽出しよう

114

6 [クエリデザイン]タブの[トップ値]欄をクリックし、「3」を入力します。

7 [クエリデザイン]タブの[実行]をクリックします。

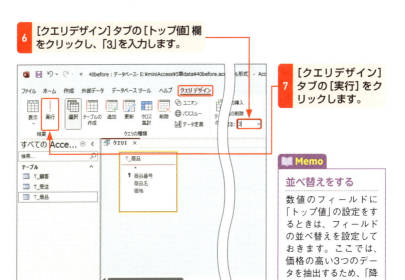

Memo

並べ替えをする

数値のフィールドに「トップ値」の設定をするときは、フィールドの並べ替えを設定しておきます。ここでは、価格の高い3つのデータを抽出するため、「降順」を指定しています。

8 「価格」が高い順に上から3件のデータが表示されます。

9 「Q_商品価格_トップ3」という名前でクエリを保存します。

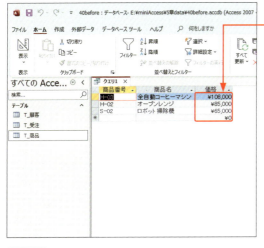

Hint

すべてのフィールドを追加する

デザインビューでフィールドリストの1行目の「*」をデザイングリッドに追加すると、すべてのフィールドを追加したことになります。ただし、デザイングリッドには「T_商品.*」しか表示されないので、特定のフィールドに対して並べ替えや抽出条件を指定する場合は、そのフィールドを「*」とは別にデザイングリッドに追加します。

▶ Section 41　第5章　クエリを使ってデータを抽出しよう

毎回違う条件で抽出しよう（パラメータークエリ）

パラメータークエリを使うと、クエリの実行時に抽出条件を指定できます。ここでは、指定した都道府県在住の顧客を表示します。クエリの実行時に、都道府県名を指定するパラメータークエリを作成します。

① クエリの実行時に条件を指定して抽出する

1　「T_顧客」テーブルをもとに、新規にクエリを作成します。

2　「顧客番号」「氏名」「ふりがな」「郵便番号」「都道府県名」「住所1」「住所2」の各フィールドをデザイングリッドに追加しておきます。

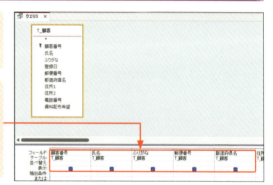

3　「都道府県名」の[抽出条件]欄をクリックし、「[都道府県名を入力してください]」と入力してEnterキーを押します。

4　[クエリデザイン]タブの[実行]をクリックします。

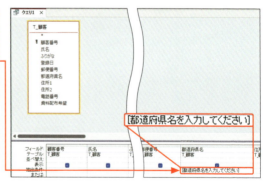

📑 Memo

パラメータークエリのルール

パラメータークエリを作成する際は、デザイングリッドの[抽出条件]欄に、半角文字の角括弧[ ]で囲んだメッセージを入力します。

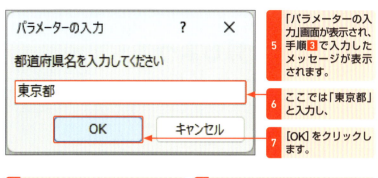

5 「パラメーターの入力」画面が表示され、手順3で入力したメッセージが表示されます。

6 ここでは「東京都」と入力し、

7 [OK] をクリックします。

8 「都道府県名」が「東京都」のデータが抽出できました。

9 「Q_顧客_都道府県名を指定」という名前でクエリを保存します。

Hint

あいまいな条件を設定する

パラメータークエリでLike演算子を使用すると、あいまいな条件を設定できます。たとえば、「氏名」の一部の文字を使ってデータを抽出するには、デザイングリッドの「氏名」の [抽出条件] 欄に「Like "*" & [氏名の一部を入力してください。] & "*"」と入力します。

▶Section 42　第5章｜クエリを使ってデータを抽出しよう

クエリで計算しよう（演算フィールド）

ここでは演算フィールドを追加して、計算式を入力します。演算フィールドを利用すると、各レコードに含まれるフィールドの値を使って計算ができます。ここでは、「価格」と「数量」を乗算した金額を表示します。

① 演算フィールドとは

演算フィールドとは、各レコードに含まれるフィールドの値を使って計算した結果を表示するフィールドです。演算フィールドを追加するには、新しいフィールドに、演算フィールドのフィールド名と計算式の内容を指定します。

② 演算フィールドを作成する

1　98ページから99ページの方法で、新規にクエリを作成します。

2　デザイングリッドの右端にある、空欄の［フィールド］欄をクリックします。

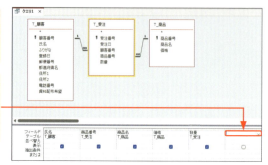

3　「合計:[価格]*[数量]」と入力し、

4　[クエリデザイン]タブの[実行]をクリックします。

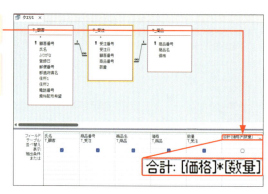

合計: [価格]*[数量]

📘 Memo

演算フィールドの計算式

計算式の中でフィールドの値を指定する際は、フィールド名を半角文字の[ ]で囲んで記述します。「合計:価格*数量」と入力して Enter キーを押すと、「合計: [価格]*[数量]」のように表示されます。

半角文字の「:」(コロン)で区切ります。　　**計算式を指定します。**

フィールド名:計算式の内容

演算フィールドのフィールド名を指定します。

受注番号	商品名	価格	数量	合計
A-0001	コードレスクリーナー	¥48,000	2	¥96,000
A-0002	オーブンレンジ	¥85,000	1	¥85,000
A-0003	コードレスクリーナー	¥48,000	1	¥48,000
A-0004	IH炊飯器	¥40,000	2	¥80,000
A-0005	ロボット掃除機	¥65,000	1	¥65,000
A-0006	コードレスクリーナー	¥48,000	1	¥48,000
A-0007	全自動コーヒーマシン	¥108,000	1	¥108,000
A-0008	コードレスクリーナー	¥48,000	1	¥48,000
A-0009	IH炊飯器	¥40,000	2	¥80,000
A-0010	ロボット掃除機	¥65,000	1	¥65,000
A-0011	オーブンレンジ	¥85,000	1	¥85,000
A-0012	全自動コーヒーマシン	¥108,000	1	¥108,000
A-0013	IH炊飯器	¥40,000	1	¥40,000
A-0014	ロボット掃除機	¥65,000	1	¥65,000
A-0015	コードレスクリーナー	¥48,000	2	¥96,000
A-0016	全自動コーヒーマシン	¥108,000	1	¥108,000
A-0017	IH炊飯器	¥40,000	1	¥40,000
A-0018	ロボット掃除機	¥65,000	1	¥65,000
A-0019	コードレスクリーナー	¥48,000	2	¥96,000
A-0020	オーブンレンジ	¥85,000	1	¥85,000

5 演算フィールドに計算結果が表示されます。

6 「Q_受注一覧_合計」という名前でクエリを保存します。

🔆 Hint

式ビルダーも使える

式を入力する際は、デザイングリッドのフィールドを選択して、[クエリデザイン] タブの [ビルダー] をクリックすると表示される [式ビルダー] 画面を使うこともできます。式ビルダーは計算式の入力をサポートするツールです。関数や演算子、フィールド名などを一覧から選択して計算式を作成できます。なお、クエリを保存していない場合は、フィールド名が表示されません。

▶ Section 43　第5章 | クエリを使ってデータを抽出しよう

複数のフィールドを1つに まとめて表示しよう（&演算子）

「姓」と「名」のフィールドをまとめて「氏名」を表示するなど、クエリ上で複数のフィールドをつなげることができます。118ページの方法で演算フィールドを追加し、&演算子を使って計算式を作成します。

① 2つのフィールドをつなげて表示する

1	「T_スタッフ」テーブルをもとに、新規にクエリを作成します。
2	「スタッフ番号」「姓」「名」の各フィールドをデザイングリッドに追加します。
3	デザイングリッドの右端にある、空欄の[フィールド]欄をクリックします。

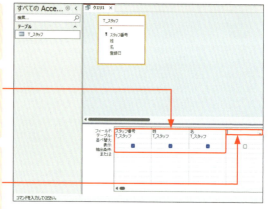

| 4 | 「氏名: [姓] & " " & [名]」と入力します。 |

📖 Memo

記号や演算子は半角文字で入力する

「 : 」や角括弧[ ]、「&」などの記号や演算子はすべて半角文字で入力します。[ ]の中には、既存のフィールド名を指定します。「氏名:姓&" "&名」と入力すると、自動的に「氏名: [姓] & " " & [名]」と表示されます。

120

5 [クエリデザイン]タブの[実行]をクリックします。

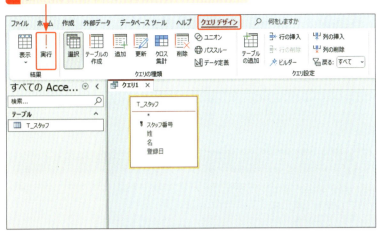

6 「氏名」フィールドに、2つのフィールドをつなげた結果が表示されます。

7 「Q_スタッフ_氏名」という名前でクエリを保存します。

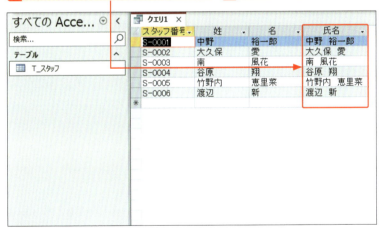

📖 Memo

表示された内容

ここでは、演算フィールドのフィールド名を「氏名」とし、「姓」フィールドのあとに空白の文字をつなげてから「名」フィールドを表示しています。「&」は前後の文字をつなげる演算子、「" "」は空白文字です。式の中で文字を指定するには、文字の前後を「"」で囲みます。「姓」の「中野」のあとに空白文字と「名」の「裕一郎」をつなげるので、「中野　裕一郎」のように表示されます。

▶ Section 44　第5章　クエリを使ってデータを抽出しよう

指定した月や月日のデータを表示しよう

日付のデータから「月」のデータを取り出すには、クエリのデザイングリッドで、[抽出条件]欄にMonth関数を入力します。また、日付に指定した日数を加算したりするには、DateAdd関数を使います。

① 月のデータを表示する

1. 「T_スタッフ」テーブルをもとに、新規にクエリを作成します。

2. すべてのフィールドをデザイングリッドに追加します。

3. デザイングリッドの右端にある、空欄の[フィールド]欄をクリックして、「登録月: Month([登録日])」と入力します。

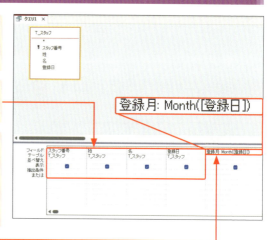

📖 Memo

Month関数

書式：Month (日付)
Month関数を使うと、日付から「月」だけを抽出できます。引数（関数に渡すデータ）の日付には、フィールド名だけでなく、「Month(#2024/5/10#)」のように日付を直接指定することもできます。また、日付データから「年」や「日」を指定して抽出するには、Year関数やDay関数を使います。

✨ Hint

指定した月のデータを抽出する

Month関数で求めた月から指定した月のデータを抽出するには、演算フィールドの[抽出条件]欄に抽出する月を「12」のように指定します。

② ○日後のデータを表示する

1 デザイングリッドの右端にある、空欄の[フィールド]欄をクリックします。

2 「登録完了日: DateAdd("m",1,[登録日])」と入力します。

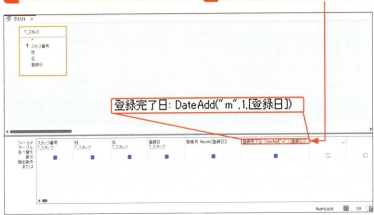

3 [クエリデザイン]タブの[実行]をクリックします。

4 「登録日」の月のデータが表示されます。

5 「登録日」の1ヵ月後のデータ(登録完了日)が表示されます。

6 「Q_スタッフ_登録月」という名前でクエリを保存します。

📘 Memo

DateAdd関数

書式：DateAdd(単位,値,日付)

DateAdd関数を使うと、日付の○日後や○年前などの日付を求められます。引数の「単位」は、日付に足したり引いたりする日や月などの単位を記号で指定します。たとえば、日は「"d"」、月は「"m"」のように指定します。「値」は、足したり引いたりする値、「日付」は基準となる日付を指定します。「DateAdd("m",1,[登録日])」の場合、登録日の1ヵ月後の日付を求めます。

▶ Section 45

第5章 | クエリを使ってデータを抽出しよう

小数点以下を切り捨てよう

数値の平均や消費税を求める計算を行うと、小数点以下の数値が発生する場合があります。Int関数を使うと、小数点以下の数値を切り捨てたり、四捨五入したりして、数値の桁を揃えられます。

① 価格を計算する

1 「T_商品」テーブルをもとに、新規にクエリを作成します。

2 すべてのフィールドをデザイングリッドに追加します。

3 デザイングリッドの右端の空欄の[フィールド]欄をクリックし、「価格計算: [価格]*1.08」と入力します。

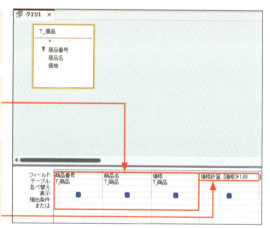

4 となりの[フィールド]欄に「税込_四捨五入: Int([価格計算]+0.5)」と入力します。

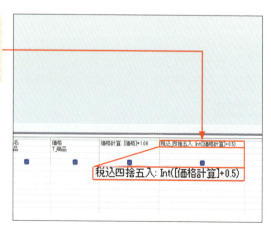

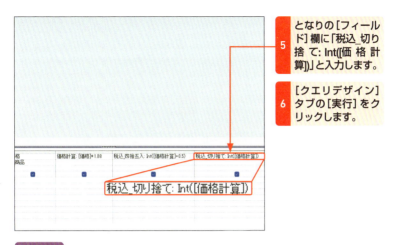

5 となりの[フィールド]欄に「税込_切り捨て: Int([価格計算])」と入力します。

6 [クエリデザイン]タブの[実行]をクリックします。

📘 Memo

Int関数

書式：Int (数値)

Int関数を使うと、括弧内の引数で指定した数値の小数点以下を切り捨てて、引数の数値を超えない最大の整数を返します。

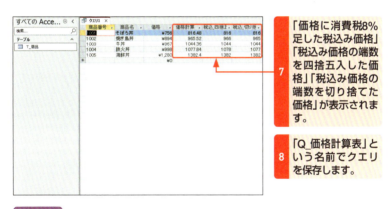

7 「価格に消費税8%足した税込み価格」「税込み価格の端数を四捨五入した価格」「税込み価格の端数を切り捨てた価格」が表示されます。

8 「Q_価格計算表」という名前でクエリを保存します。

📘 Memo

Round関数とInt関数

一般的に、四捨五入では「4」を切り捨てて「5」を切り上げます。一方、AccessのRound関数では「小数点以下の数値が5の場合、偶数になるように丸める」という性質があります。たとえば、「1.5」「2.5」「3.5」という数値がある場合、一般的な四捨五入では「2」「3」「4」になりますが、Round関数の計算では「2」「2」「4」になります。一般的な四捨五入をしたい場合は、Round関数ではなくInt関数を使用します。計算対象の数値に0.5を足して、求めた値の小数点以下をInt関数によって切り捨てることで計算します。

Hint

演算フィールドに書式を付ける

演算フィールドに「,」(カンマ)や「¥」(通貨)などの書式を設定するには、プロパティシートの[標準]タブから指定します。

1. デザイングリッドで演算フィールドをクリックします。
2. [クエリデザイン]タブの[プロパティシート]をクリックし、
3. [標準]タブの[書式]欄の∨をクリックして、
4. 表示された一覧から、目的の書式を選択します。

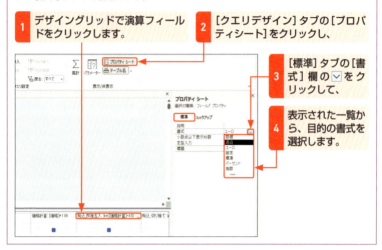

StepUp

クエリからデータを入力する

クエリには並べ替えや抽出の条件が保存されているだけで、データ自体は保存されません。しかし、クエリからデータを入力することはできます。
なお、「Q_受注一覧_合計」クエリで「顧客番号」を入力すると、それに対応する「氏名」のデータが自動的に表示されます。同様に、「商品番号」を入力すると「商品名」と「価格」のデータが表示されて、「数量」を入力すると「合計」に合計金額が表示されます。このような便利な機能が実現されるのは、「Q_受注一覧_合計」クエリで「T_顧客」「T_受注」「T_商品」の各テーブルのデータを参照しているためです。

「顧客番号」を入力すると、 　　**自動的に「氏名」が表示される。**

「Q_受注一覧_合計」クエリで入力したデータは、もとである「T_受注」テーブルに格納されます。「T_受注」テーブルを開くと、「Q_受注一覧_合計」クエリで追加したデータを確認できます。

▶▶ 第 6 章 ◀◀

高度なクエリを
使ってみよう

- ▸ Section 46　商品ごとの売上合計を集計しよう（集計クエリ）
- ▸ Section 47　顧客別の商品ごとのクロス集計をしよう（クロス集計クエリ）
- ▸ Section 48　「アクションクエリ」って何？
- ▸ Section 49　一括でデータを更新しよう（更新クエリ）
- ▸ Section 50　クエリを使ってテーブルを作ろう（テーブル作成クエリ）
- ▸ Section 51　クエリを使ってほかのテーブルにデータを追加しよう（追加クエリ）
- ▸ Section 52　一括でデータを削除しよう（削除クエリ）

▶ Section 46

第6章 | 高度なクエリを使ってみよう

商品ごとの売上合計を集計しよう（集計クエリ）

特定のフィールドのデータをグループにまとめて、件数や合計などを集計するには、集計クエリを作成します。ここでは、「商品名」ごとに「合計」の金額を集計する集計クエリを作ります。

1 集計クエリを作成する

1 「Q_受注一覧_合計」クエリをもとに、新規にクエリを作成します。

2 「商品番号」「商品名」「合計」の各フィールドをデザイングリッドに追加します。

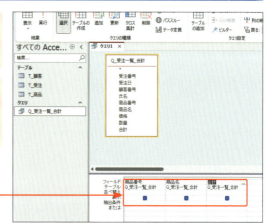

3 [クエリデザイン]タブの[集計]をクリックします。

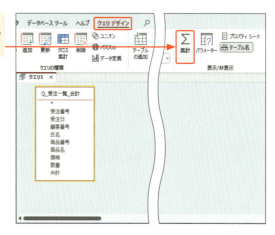

128

📖 Memo

クエリからクエリを作る場合

クエリからクエリを作成するときは、[テーブルの追加] 作業ウィンドウの上部の [クエリ] タブをクリックすると、保存済みのクエリが表示されます。

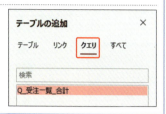

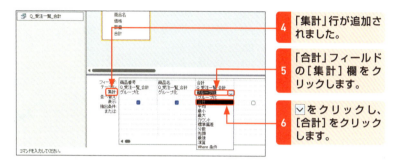

4 「集計」行が追加されました。

5 「合計」フィールドの [集計] 欄をクリックします。

6 ▽ をクリックし、[合計] をクリックします。

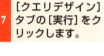

7 [クエリデザイン] タブの [実行] をクリックします。

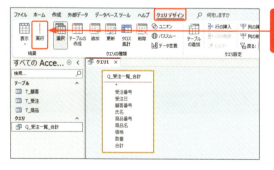

8 集計結果が表示されます。

9 「Q_商品別売上一覧」という名前でクエリを保存します。

第6章 高度なクエリを使ってみよう

Memo

集計方法の種類

手順6で表示される集計方法は以下の通りです。なお、選択したフィールドのデータ型によって、一覧に表示される集計方法は異なります。

グループ化	フィールドの値のうち、同じデータを同じグループにまとめます
合計	フィールドの値の合計を求めます。
平均	フィールドの値の平均を求めます。
最小	フィールドの値の最小値を求めます。
最大	フィールドの値の最大値を求めます。
カウント	フィールドの値のデータの個数を求めます。
標準偏差	フィールドの値の標準偏差(平均値からのずれ)を求めます。
分散	フィールドの値の分散を求めます。
先頭	フィールドの値の先頭の値を求めます。
最後	フィールドの値の最後の値を求めます。
演算	演算フィールドを追加して、集計を行う式を作成できます。
Where条件	フィールドの値に対して抽出条件を指定したい場合に使用します。

Memo

グループ化とは

デザイングリッドに集計行を追加すると、最初はすべてのフィールドに「グループ化」と表示されます。グループ化とは、集計するもとのフィールドのことです。商品ごとに金額の合計を求める場合、「商品番号」と「商品名」のフィールドはグループ化を設定します。集計したい「合計」のフィールドは、集計行を「合計」に変更します。

② 特定のデータだけを集計する

1. 作成したクエリをデザインビューで表示します。

2. 「受注日」フィールドをデザイングリッドに追加します。

3. 「受注日」フィールドの[集計]欄の▽をクリックし、[Where条件]をクリックします。

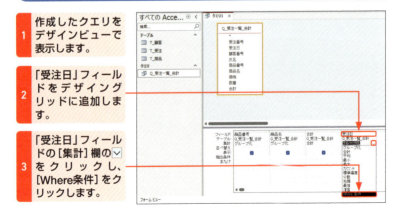

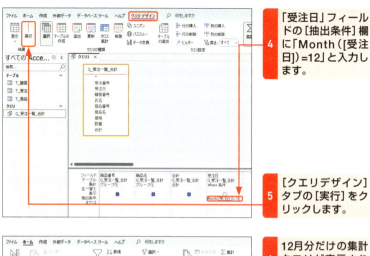

4 「受注日」フィールドの[抽出条件]欄に「Month([受注日])=12」と入力します。

5 [クエリデザイン]タブの[実行]をクリックします。

6 12月分だけの集計クエリが表示されます。

第6章 高度なクエリを使ってみよう

📖 Memo

条件に一致するデータの集計

特定のデータだけの集計クエリを作成するには、抽出条件を指定するフィールドをデザイングリッドに追加し、[集計]欄に「Where」条件を指定してから抽出条件を指定します。なお、Where条件を指定したフィールドは、[表示]のチェックが自動的にオフになるため、クエリの結果には表示されません。

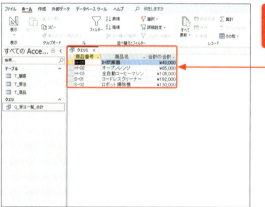

131

► Section 47　第6章 | 高度なクエリを使ってみよう

顧客別の商品ごとのクロス集計をしよう（クロス集計クエリ）

フィールドを縦横に配置した集計表を作成するには、クロス集計クエリを作成します。ここではクエリウィザードを使用して、顧客ごとにどの商品をいくつ購入したのかを集計するクロス集計クエリを作成します。

1 クロス集計クエリを作成する

1 [作成] タブの [クエリウィザード] をクリックします。

2 [新しいクエリ] 画面の [クロス集計ウィザード] をクリックし、[OK] をクリックします。

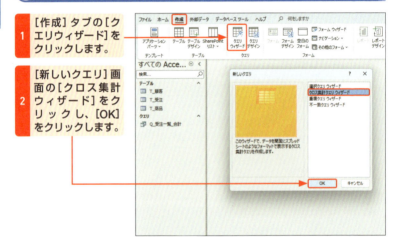

3 クロス集計ウィザードの画面で [クエリ] をクリックし、

4 [Q_受注一覧_合計] クエリをクリックして、

5 [次へ] をクリックします。

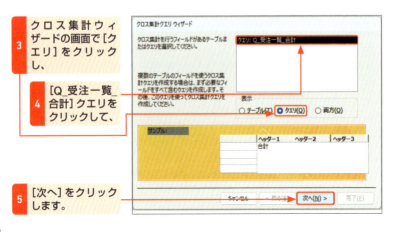

132

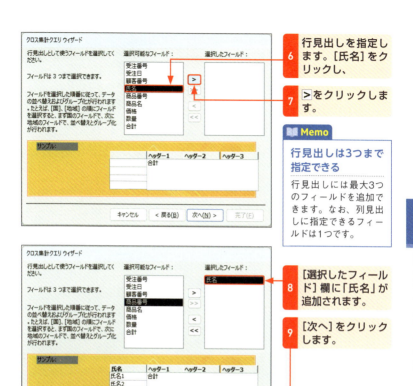

6 行見出しを指定します。[氏名]をクリックし、

7 >をクリックします。

Memo

行見出しは3つまで指定できる

行見出しには最大3つのフィールドを追加できます。なお、列見出しに指定できるフィールドは1つです。

8 [選択したフィールド]欄に「氏名」が追加されます。

9 [次へ]をクリックします。

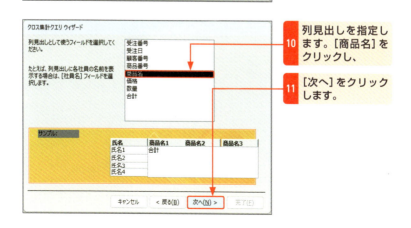

10 列見出しを指定します。[商品名]をクリックし、

11 [次へ]をクリックします。

12 集計するフィールドを指定します。[数量] をクリックします。

13 [集計方法] 欄の [合計] をクリックし、

14 [次へ] をクリックします。

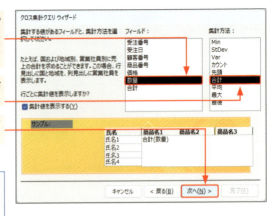

Memo

クロス集計クエリのアイコンは異なる

クロス集計クエリを保存すると、ナビゲーションウィンドウには選択クエリと異なるアイコンが表示されます。

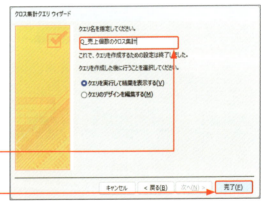

15 クエリ名に「Q_売上個数のクロス集計」と入力し、

16 [完了] をクリックします。

17 クロス集計クエリの集計結果が表示されて、誰がどの商品をいくつ買ったのかがわかります。

18 [ホーム] タブの [表示] をクリックして、デザインビューを表示します。

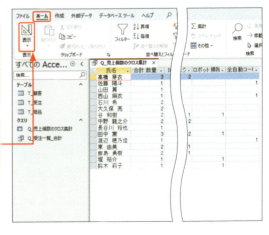

第 6 章 高度なクエリを使ってみよう

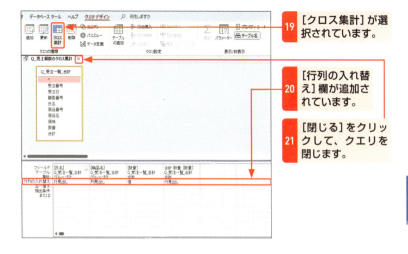

19 [クロス集計]が選択されています。

20 [行列の入れ替え]欄が追加されています。

21 [閉じる]をクリックして、クエリを閉じます。

☀ Hint

行見出しと列見出しをあとから変更するには

クエリウィザードで作成したクロス集計クエリの行見出しや列見出しを変更するには、デザインビューの[行列の入れ替え]欄で[行見出し][列見出し][値]などを指定します。

☀ Hint

クロス集計クエリはデザインビューでも作成できる

デザインビューでいちからクロス集計クエリを作成するには、必要なフィールドをデザイングリッドに追加し、[クエリデザイン]タブの[クロス集計]をクリックします。デザイングリッドに[行列の入れ替え]欄が追加されたら、[行見出し][列見出し][値]をそれぞれ指定します。また、[集計]欄で集計方法を指定します。

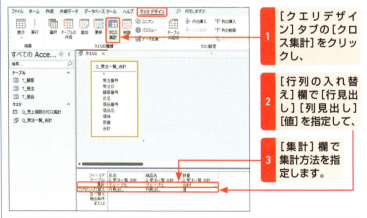

1 [クエリデザイン]タブの[クロス集計]をクリックし、

2 [行列の入れ替え]欄で[行見出し][列見出し][値]を指定して、

3 [集計]欄で集計方法を指定します。

▶ Section **48**　第6章 | 高度なクエリを使ってみよう

「アクションクエリ」って何？

一般的なクエリは、テーブルのデータを一時的に表示しているだけなので、テーブルに保存されているデータに影響はありません。ここで紹介するアクションクエリは、テーブルのデータを直接操作する特殊なクエリです。

① アクションクエリとは

アクションクエリとは、テーブルのデータ（レコード）をまとめて変更するクエリです。アクションクエリには「更新クエリ」「テーブル作成クエリ」「追加クエリ」「削除クエリ」の4種類があります。

更新クエリ

テーブルにあるデータをまとめて変更します。たとえば、商品番号が「S」から始まる商品の価格を10%引き上げるなど、指定したデータをまとめて更新できます。

テーブル作成クエリ

テーブルのデータのすべてまたは一部から、新しいテーブルを作成します。たとえば、古いデータを別テーブルに分けたり、テーブルから特定のフィールドだけを取り出して新しいテーブルを作成したりできます。

追加クエリ

テーブルのデータを、指定した別のテーブルの末尾に追加します。たとえば、過去のデータを管理しているテーブルに古いデータを追加したり、販売中止になった商品データを別のテーブルに追加したりできます。

削除クエリ

テーブルから、条件に合ったデータをまとめて削除します。たとえば、販売中止になった商品や退会した顧客のデータを削除できます。なお、テーブル作成クエリや追加クエリを実行すると、データを新規のテーブルや既存のテーブルに追加できますが、もとのテーブルにはデータが残ったままです。削除クエリを使うと、新規のテーブルや既存のテーブルに追加したデータについては、もとのテーブルから削除できます。

Memo

アクションクエリのアイコンは異なる

アクションクエリを保存すると、ナビゲーションウィンドウには選択クエリと異なるアイコンが表示されます。

② アクションクエリを使う際の注意点

アクションクエリは、テーブルのデータを直接操作する特殊なクエリです。たとえば、価格を一律5%値上げするところを7%にするなど、間違った条件を設定したクエリを実行すると、テーブルのデータがすべて間違ったデータで更新されてしまいます。また、7%値上げするアクションクエリを何度も実行すると、そのたびに価格が更新されます。アクションクエリを間違えて実行しても、データをもとに戻すことはできないので注意しましょう。万が一に備えて、232ページの操作でデータベースファイルをバックアップしておくと安心です。

③ アクションクエリを作成する手順

アクションクエリを作成するときは、最初からアクションクエリを作成するのではなく、まずは選択クエリを作成して、間違いがないことを確認してからアクションクエリに変更すると安全です。

④ アクションクエリの実行方法

選択クエリは、[クエリデザイン]タブの[実行]と[表示]のどちらでも実行できますが、アクションクエリは[実行]でクエリを実行します。

1 [クエリデザイン]タブの[実行]をクリックします。

2 確認メッセージが表示され、[はい]をクリックすると実行されます。

▶ Section **49**　第6章 | 高度なクエリを使ってみよう

一括でデータを更新しよう（更新クエリ）

更新クエリはアクションクエリのひとつで、指定した条件に一致するデータをまとめて更新するクエリです。ここでは、「T_商品」テーブルの、「商品番号」が「S」から始まる商品の価格を10％値下げする更新クエリを作成します。

① 選択クエリを作成する

1 「T_商品」テーブルをもとに、新規にクエリを作成します。

2 「商品番号」と「価格」フィールドをデザイングリッドに追加します。

3 「商品番号」フィールドの［抽出条件］欄に「S*」と入力して、Enterキーを押します。

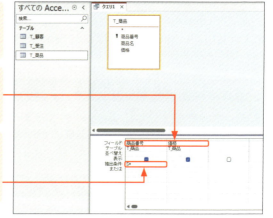

📖 Memo

もとのデータ

クエリを実行する前に、「T_商品」テーブルをデータシートビューで開いて、商品番号が「S」から始まる商品の価格を確認しておきましょう。

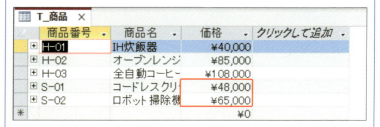

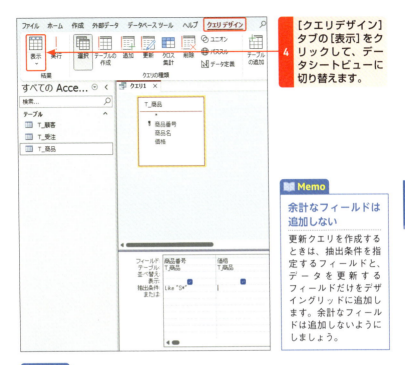

4 [クエリデザイン]タブの[表示]をクリックして、データシートビューに切り替えます。

Memo
余計なフィールドは追加しない
更新クエリを作成するときは、抽出条件を指定するフィールドと、データを更新するフィールドだけをデザイングリッドに追加します。余計なフィールドは追加しないようにしましょう。

Memo
「S*」の意味
手順3で抽出条件に入力した「S*」は、「商品番号」フィールドのデータが「S」から始まる文字という意味です(104ページ参照)。

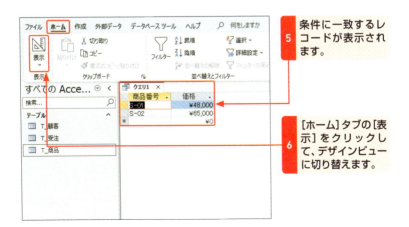

5 条件に一致するレコードが表示されます。

6 [ホーム]タブの[表示]をクリックして、デザインビューに切り替えます。

② 更新クエリに変更／実行する

1. [クエリデザイン]タブの[更新]をクリックします。

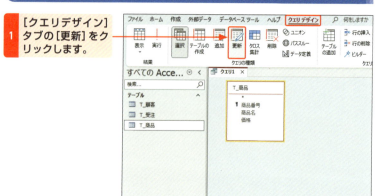

2. 「レコードの更新」行が追加されます。

3. 「価格」フィールドの[レコードの更新]欄に「Int([価格]*0.9)」と入力します。

📖 Memo

「Int([価格]*0.9)」の意味

[レコードの更新]欄に入力した「Int([価格]*0.9)」は、「価格」フィールドの数値を10%値引きして、小数点以下を切り捨てなさいという意味です。

4. [クエリデザイン]タブの[実行]をクリックすると、

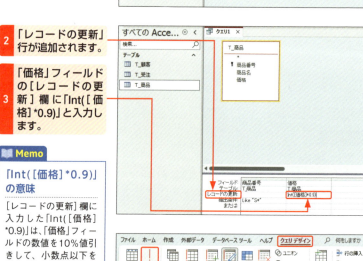

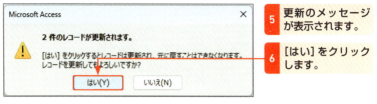

5 更新のメッセージが表示されます。

6 [はい] をクリックします。

7 「Q_商品の価格更新」という名前でクエリを保存します。

8 ナビゲーションウィンドウの「T_商品」テーブルをダブルクリックします。

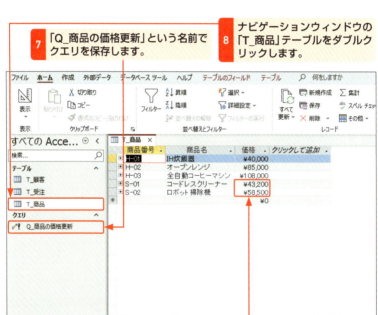

9 「価格」が10％値引き後の価格に更新されていることが確認できます。

📘 Memo

実行するたびデータが更新される

アクションクエリを何度も実行すると、そのたびにデータが更新されます。たとえば、ここで作成した更新クエリを実行して価格を10％値引きした後でもう一度更新クエリを実行すると、価格がさらに10％値引きになるので注意が必要です。

📘 Memo

不要なアクションクエリは削除する

更新クエリをはじめとするアクションクエリを間違って実行すると、データはもとに戻せません。不要なアクションクエリはナビゲーションウィンドウで右クリックして、[削除]をクリックして削除しましょう。

▶ Section 50　第6章 | 高度なクエリを使ってみよう

クエリを使ってテーブルを作ろう（テーブル作成クエリ）

テーブル作成クエリを使うと、条件に一致したデータだけを抽出して、新しいテーブルを作成できます。ここでは、「T_受注」テーブルの「受注日」が2024/10/31以前のデータを新しいテーブルにコピーします。

① 選択クエリを作成する

1 「T_受注」テーブルをもとに、新規にクエリを作成します。

2 すべてのフィールドをデザイングリッドに追加します。

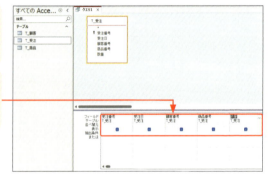

3 「受注日」フィールドの[抽出条件]欄に「<=2024/10/31」と入力して、Enterキーを押します。

4 [クエリデザイン]タブの[表示]をクリックします。

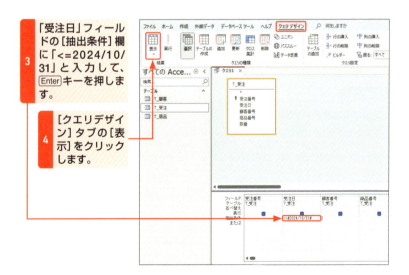

142

📖 Memo

新しいテーブルに必要なフィールドはすべて追加する

テーブル作成クエリを作成するときは、新しいテーブルに必要なすべてのフィールドをデザイングリッドに追加します。

5 2024/10/31以前のデータが抽出できたことを確認します。

6 [ホーム]タブの[表示]をクリックして、デザインビューに切り替えます。

② テーブル作成クエリに変更/実行する

1. [クエリデザイン]タブの[テーブルの作成]をクリックします。

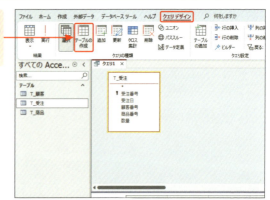

2. [テーブルの作成]画面が表示されます。

3. 「テーブル名」に「T_過去の受注」と入力して、

4. [OK]をクリックします。

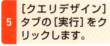

5. [クエリデザイン]タブの[実行]をクリックします。

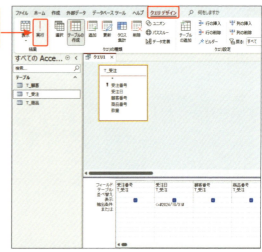

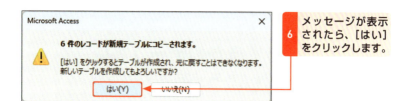

6 メッセージが表示されたら、[はい]をクリックします。

7 「Q_過去の受注テーブル作成」という名前でクエリを保存します。

8 ナビゲーションウィンドウの「T_過去の受注」テーブルをダブルクリックします。

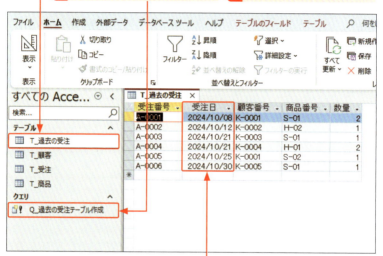

9 条件に一致したデータがコピーされていることを確認します。

Memo

コピーしたデータを削除するには

「Q_過去の受注テーブル作成」クエリを実行すると、「T_過去の受注」テーブルにデータがコピーされます。「T_受注」テーブルに残ったデータを削除するには、150ページの削除クエリを作成します。

Memo

テーブル作成クエリの注意点

テーブル作成クエリを何度も実行すると、そのたびに新しいテーブルが作成されます。作成するテーブルと同じ名前の既存のテーブルがある場合は、既存のテーブルは削除されます。

▶ Section 51　第6章 | 高度なクエリを使ってみよう

クエリを使ってほかのテーブルにデータを追加しよう（追加クエリ）

条件に一致したデータを抽出して他のテーブルに追加するには、追加クエリを作成します。ここでは、「T_受注」テーブルの「受注日」が2024年11月のデータを抽出して、「T_過去の受注」テーブルに追加します。

① 選択クエリを作成する

1 「T_受注」テーブルをもとに、新規にクエリを作成します。

2 すべてのフィールドをデザイングリッドに追加します。

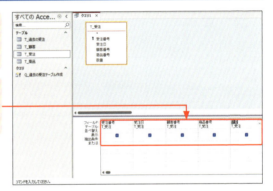

📖 Memo

もとのデータ

クエリを実行する前に、「T_受注」テーブルや「T_過去の受注」テーブルのデータを確認しておきましょう。「受注日」が2024年11月のデータを「T_過去の受注」テーブルに追加します。

「T_受注」テーブル（データを抽出するテーブル）

「T_過去の受注」テーブル（データを追加するテーブル）

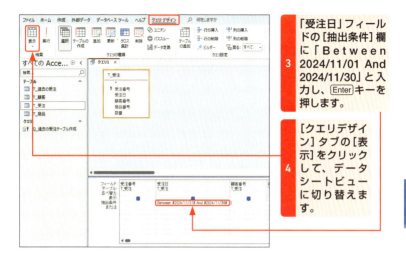

3. 「受注日」フィールドの[抽出条件]欄に「Between 2024/11/01 And 2024/11/30」と入力し、Enterキーを押します。

4. [クエリデザイン]タブの[表示]をクリックして、データシートビューに切り替えます。

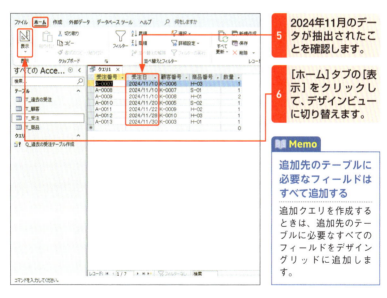

5. 2024年11月のデータが抽出されたことを確認します。

6. [ホーム]タブの[表示]をクリックして、デザインビューに切り替えます。

📖 Memo

追加先のテーブルに必要なフィールドはすべて追加する

追加クエリを作成するときは、追加先のテーブルに必要なすべてのフィールドをデザイングリッドに追加します。

📖 Memo

Between...And演算子

Between...And演算子は、指定した日付の範囲を指定するときに使用する演算子です。詳細は108ページを参照してください。

② 追加クエリに変更/実行する

1. [クエリデザイン]タブの[追加]をクリックします。

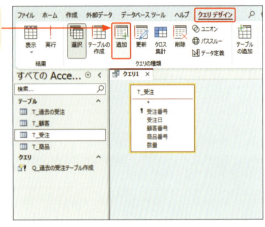

2. [追加]画面が表示されます。

3. データを追加するテーブル(ここでは「T_過去の受注」)を選択して、

4. [OK]をクリックします。

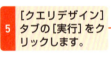

5. [クエリデザイン]タブの[実行]をクリックします。

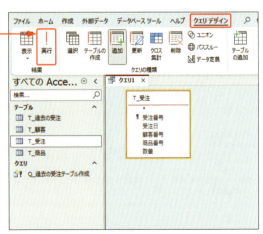

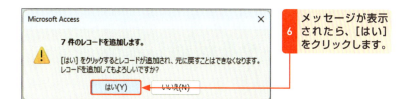

6 メッセージが表示されたら、[はい]をクリックします。

7 「Q_過去の受注テーブル追加」という名前でクエリを保存します。

8 ナビゲーションウィンドウの[T_過去の受注]テーブルをダブルクリックします。

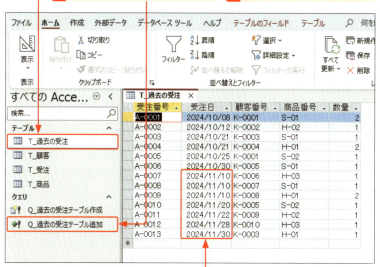

9 条件に一致したデータが追加されていることを確認します。

📖 Memo

追加先のテーブルについて

追加クエリでデータを追加するときは、追加するデータが入っているテーブルと同じ構成のテーブルにデータを追加します。テーブルの構成が違うと、データがうまく追加されないので注意しましょう。

📖 Memo

データを削除するには

追加クエリを実行すると、「T_過去の受注」テーブルにデータが追加されます。「T_受注」テーブルに残ったデータを削除するには、150ページの削除クエリを作成します。

▶Section 52　第6章 | 高度なクエリを使ってみよう

一括でデータを削除しよう（削除クエリ）

条件に一致したデータをまとめて削除するには、削除クエリを作成します。ここでは、「T_受注」テーブルから「受注日」が2024/11/30以前のデータを削除するクエリを作成します。

① 選択クエリを作成する

1. 「T_受注」テーブルをもとに、新規にクエリを作成します。

2. 「受注日」フィールドをデザイングリッドに追加します。

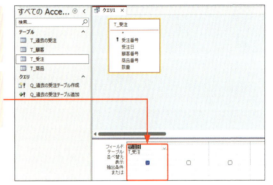

📘 Memo

もとのデータ

クエリを実行する前に「T_受注」テーブルをデータシートビューで開いて確認しておきましょう。「受注日」が2024/11/30以前のデータを削除します。

「T_受注」テーブル

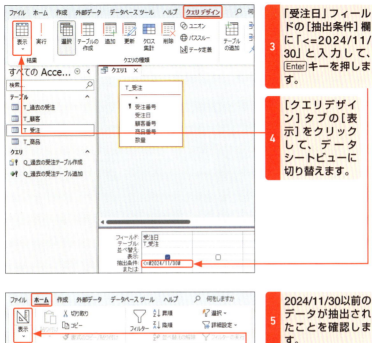

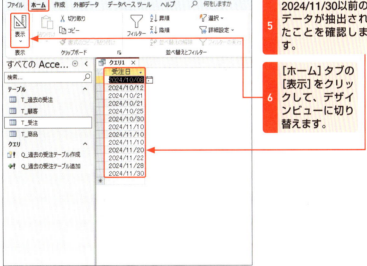

📖 Memo

デザイングリッドに追加するフィールド

ここでは、削除クエリを作成する際に、抽出条件を指定する「受注日」フィールドだけデザイングリッドに追加しました。他のフィールドを追加しても問題ありません。

② 削除クエリに変更/実行する

1 [クエリデザイン]タブの[削除]をクリックします。

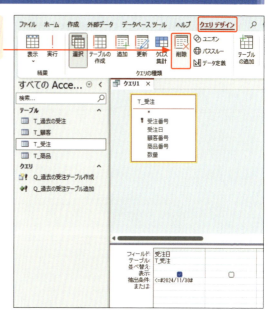

2 [レコードの削除]欄が表示されました。

3 [クエリデザイン]タブの[実行]をクリックします。

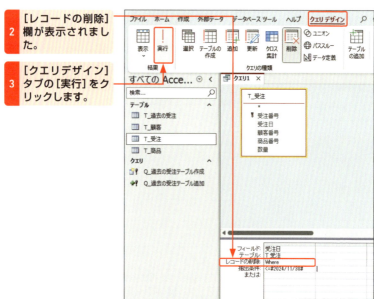

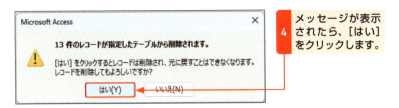

4 メッセージが表示されたら、[はい]をクリックします。

5 「Q_過去の受注データ削除」という名前でクエリを保存します。

6 ナビゲーションウィンドウの「T_受注」テーブルをデータシートビューで開きます。

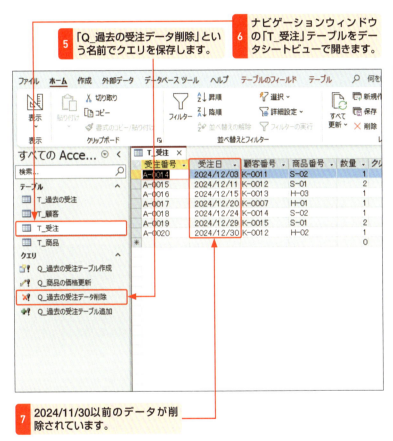

7 2024/11/30以前のデータが削除されています。

※ Hint

データを削除できない場合は

削除クエリを実行してもデータを削除できない場合は、削除するデータに関連のあるデータがほかのテーブルに存在している可能性があります。その場合は、リレーションシップの設定に参照整合性の設定を加え、さらに[レコードの連鎖削除]を設定します。参照整合性については、80ページを参照してください。

☀ Hint

アクションクエリを非表示にする

不用意にアクションクエリが実行されないようにするには、アクションクエリを「隠しオブジェクト」に指定して、ナビゲーションウィンドウで非表示にするという方法があります。

> **1** ナビゲーションウィンドウで非表示にしたいオブジェクトを右クリックし、表示されたメニューの[オブジェクトのプロパティ]をクリックします。

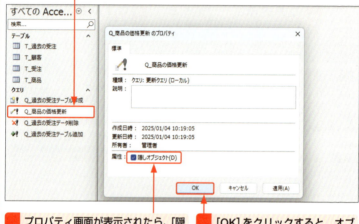

> **2** プロパティ画面が表示されたら、[隠しオブジェクト]のチェックボックスをクリックしてオンにし、

> **3** [OK]をクリックすると、オブジェクトがナビゲーションウィンドウから消えます。

隠しオブジェクトを再表示するには、ナビゲーションウィンドウ上部の[すべてのAccess…]を右クリックし、表示されたメニューの[ナビゲーションオプション]をクリックします。[ナビゲーションオプション]画面で[隠しオブジェクトの表示]のチェックボックスをクリックしてオンにして、[OK]をクリックします。隠しオブジェクトが薄く表示されるので、再表示するオブジェクトを右クリックし、[オブジェクトのプロパティ]をクリックします。プロパティ画面が表示されたら、[隠しオブジェクト]のチェックボックスをクリックしてオフにして[OK]をクリックします。その後、再度[ナビゲーションオプション]画面を表示して、[隠しオブジェクトの表示]のチェックボックスをクリックしてオフにします。

第 7 章

フォームで入力画面を
作ろう

▶ Section 53 　フォームの役割を知ろう
▶ Section 54 　フォームの作成方法を知ろう
▶ Section 55 　フォームのビューを切り替えよう
▶ Section 56 　ウィザードを使って入力用の単票フォームを作ろう
▶ Section 57 　フォームを保存しよう
▶ Section 58 　フォームからデータを入力しよう
▶ Section 59 　フォームの編集画面の構成を確認しよう
▶ Section 60 　フォームのコントロールを知ろう
▶ Section 61 　コントロールのサイズや位置を変更しよう
▶ Section 62 　フォームのタイトルを変更しよう
▶ Section 63 　ウィザードを使って表形式のフォームを作ろう
▶ Section 64 　フォーム上で計算しよう（演算コントロール）
▶ Section 65 　計算結果に通貨の書式を設定しよう

▶ Section 53　第7章　フォームで入力画面を作ろう

フォームの役割を知ろう

フォームとは、テーブルにデータを入力する画面を作成するときに使うオブジェクトです。また、テーブルやクエリのデータをオリジナルのレイアウトで表示するときにもフォームを使います。

① フォームのしくみ

フォームを使うと、データの入力や表示ができます。テーブルでもデータを入力できますが、フォームを使うとカード形式の画面でのデータ入力やデータの表示が可能になります。フォームを使って入力したデータは、フォームのもとになるテーブルに保存されます。

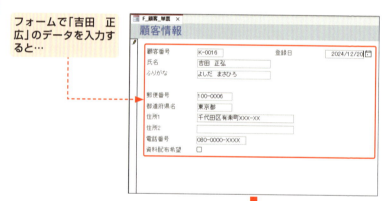

フォームで「吉田　正広」のデータを入力すると…

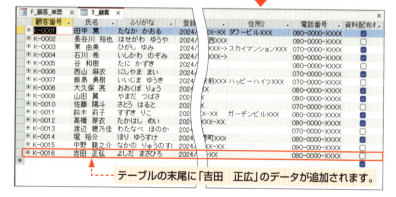

テーブルの末尾に「吉田　正広」のデータが追加されます。

② フォームの種類

見た目の違いにより、Accessのフォームにはいくつかの種類があります。以下は代表的なAccessのフォームです。

単票形式

1つの画面に1レコード（1件分のデータ）だけが表示されるフォームで、「カード形式」とも呼ばれます。[作成]タブの[フォーム]をクリックすると、単票形式のフォームを手軽に作成できます。

表形式

1つの画面に複数のレコードをまとめて表示するフォームです。[作成]タブの[フォームウィザード]を使って作成します。

データシート

「表形式」と同じように、1つの画面に複数のレコードをまとめて表示するフォームです。Excelのワークシートのようなレイアウトです。[作成]タブの[フォームウィザード]を使って作成します。

帳票形式

単票形式と同じように、1つの画面に1レコードだけが表示されるフォームです。単票形式のフォームでは、基本的にフィールドが縦方向に表示されますが、帳票形式のフォームはフィールドが縦方向にも横方向にも表示されます。[作成]タブの[フォームウィザード]を使って作成します。

▶ Section 54　第7章｜フォームで入力画面を作ろう

フォームの作成方法を知ろう

フォームを作成する方法には、**ダイレクトに作成する方法**や、**フォームウィザードに従って質問に答えながら作成する方法**などがあります。どちらの方法でも、作成したフォームを編集／保存する操作は共通です。

① フォームを作成する3つの方法

ダイレクトに作成する

［作成］タブの［フォーム］をクリックするだけで、すぐに単票形式（カード形式）のフォームを作成できます。

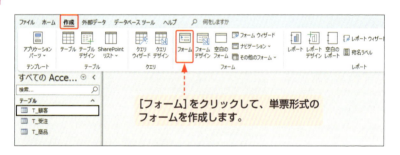

［フォーム］をクリックして、単票形式の
フォームを作成します。

フォームウィザードで作成する

フォームウィザードでは画面に表示される質問に答えながら、フォームのもとになるテーブルやクエリ、表示するフィールド、フォームの種類などを選択し、フォームを作成します。

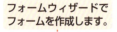

フォームウィザードで
フォームを作成します。

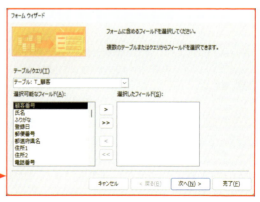

その他の方法で作成する

「単票形式」「表形式」「データシート」「帳票形式」の4種類以外のフォームは、[作成]タブの[ナビゲーション]や[その他のフォーム]をクリックして作成します。白紙の状態から作成するときは、[作成]タブの[フォームデザイン]をクリックして作成します。

② フォームの作成手順

①フォームのベースを作成する

[作成]タブの[フォーム]や[フォームウィザード]などを利用して、フォームのベースを作ります。

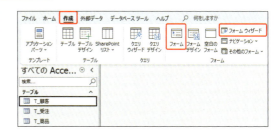

②デザインビュー(レイアウトビュー)でレイアウトを整える

フォームのデザインビュー(レイアウトビュー)を開きます。フォームを構成するコントロール(部品)の配置などを調整します。

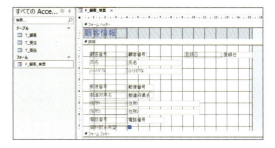

③フォームビューで確認して保存する

完成したフォームをフォームビューで表示して、全体を確認します。フォームに名前を付けて保存します。

▶ Section 55　第7章 | フォームで入力画面を作ろう

フォームのビューを切り替えよう

フォームには**3つのビュー**が用意されています。フォームの結果を確認するときには**フォームビュー**、フォームのレイアウトを調整するときには**デザインビュー**や**レイアウトビュー**を使います。

1 レイアウトビューに切り替える

1. フォームビューで[ホーム]タブの[表示]をクリックすると、

2. レイアウトビューに切り替わります。

3. [ホーム]([フォームレイアウトのデザイン])タブの[表示]をクリックすると、フォームビューが表示されます。

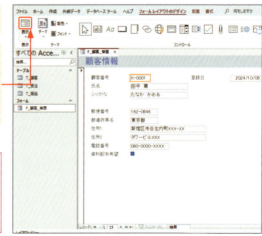

📖 Memo

フォームビュー

フォームビューは、フォームで実際のデータを表示するときに利用します。

② デザインビューに切り替える

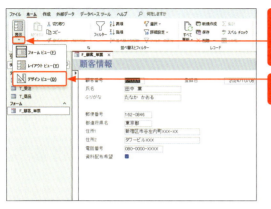

1. フォームビューで[ホーム]タブの[表示]の☑をクリックし、
2. [デザインビュー]をクリックします。

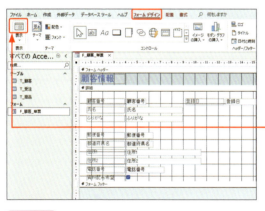

3. デザインビューに切り替わり、フォームのデザインを変更できます。
4. [ホーム]([フォームデザイン])タブの[表示]をクリックすると、フォームビューが表示されます。

Memo

レイアウトビュー

レイアウトビューは、フォームのデザインやレイアウトを編集するときに利用します。デザインビューでも同様の操作は可能ですが、レイアウトビューでは実際のデータを表示しながら編集ができるので、より直感的に操作できます。ただし、レイアウトビューでは使えない機能もあります。

Memo

デザインビュー

デザインビューは、フォームのデザインやレイアウトなどを編集するときに利用します。デザインビューでは実際のデータが表示されませんが、「コントロール」と呼ばれる部品を使って本格的な編集ができます。

▶ Section 56　第7章 | フォームで入力画面を作ろう

ウィザードを使って入力用の単票フォームを作ろう

ここでは「T_顧客」テーブルをもとにして、フォームウィザードを使って単票形式（カード形式）のフォームを作成します。ウィザード画面では、もとになるテーブルやクエリ、表示するフィールドなどを指定できます。

1 フォームを作成する

1. 「T_顧客」テーブルをクリックし、

2. [作成]タブの[フォームウィザード]をクリックします。

3. フォームウィザードの[テーブル/クエリ]欄に「テーブル：T_顧客」テーブルが表示されていることを確認します。

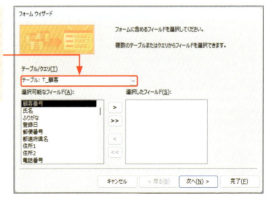

4 >> をクリックします。

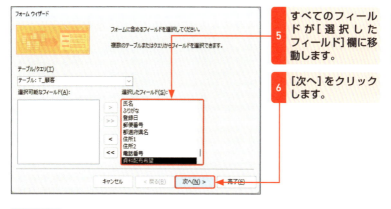

5 すべてのフィールドが [選択したフィールド] 欄に移動します。

6 [次へ] をクリックします。

📖 Memo

フィールドの追加方法

手順 4 で、中央の >> をクリックすると、左側のすべてのフィールドを右側に移動できます。反対に中央の << をクリックすると、右側に移動したすべてのフィールドを左側に移動できます。> をクリックすると、左側で選択しているフィールドのみ右側に移動し、< をクリックすると、右側で選択しているフィールドのみ左側に戻します。また、左側の [選択可能なフィールド] のフィールドをダブルクリックすると、右側の [選択したフィールド] へ移動し、右側の [選択したフィールド] のフィールドをダブルクリックすると、左側の [選択可能なフィールド] へ移動します。

📖 Memo

フォームのもとになるオブジェクトを選択しておく

手順 1 でフォームのもとになるオブジェクトを選択すると、手順 3 にそのオブジェクト名が表示されます。目的と違うオブジェクトが表示されているときは、[テーブル/クエリ] の ▽ をクリックして変更します。

7. [単票形式]をクリックします。

8. [次へ]をクリックします。

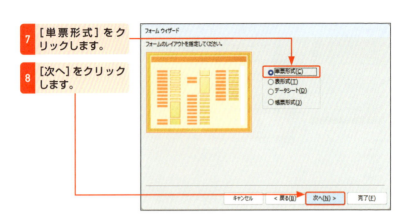

9. フォーム名に「F_顧客_単票」と入力し、

10. [完了]をクリックします。

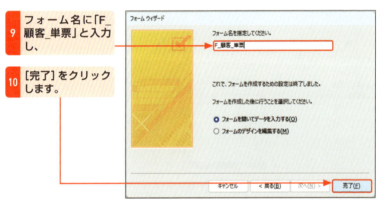

11. フォームがフォームビューで表示されます。

12. 保存したフォームが、ナビゲーションウィンドウに表示されます。

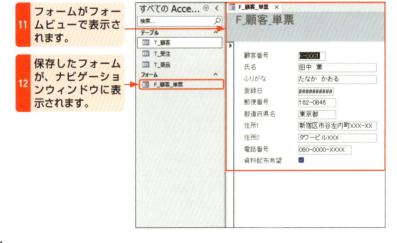

📘 Memo

フォーム名の付け方

フォームの名前は自由に付けられますが、本書ではフォーム名の先頭に「F_」という記号を付けて保存しています。これは、テーブルやフォームなどのオブジェクトを選択するときに、オブジェクトの違いがひと目でわかるようにするためです。なお、フォーム名などの名前には、[ ]（角括弧）など一部の記号は使用できません。

☀ Hint

フィールドの大きさや配置はあとから変更できる

作成したフォームを見ると、「登録日」フィールドの日付が「####」の記号で表示されています。これはコントロールの幅が不足していることが原因です。作成したフォームのレイアウトは、レイアウトビューやデザインビューであとから編集します。

📘 Memo

単票形式のフォームを一瞬で作る

[作成]タブの[フォーム]をクリックすると、もとになるオブジェクトから一瞬で単票形式のフォームを作成できます。このフォームにはすべてのフィールドが表示されます。また、リレーションシップが設定されている場合は、関連する別のテーブルのデータも表示されます（章末コラム参照）。
[フォーム]を使って作成したフォームも、レイアウトビューやデザインビューであとから編集できます。

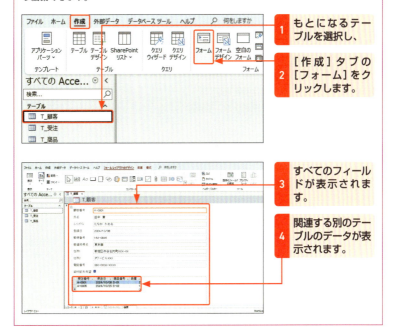

1 もとになるテーブルを選択し、

2 [作成]タブの[フォーム]をクリックします。

3 すべてのフィールドが表示されます。

4 関連する別のテーブルのデータが表示されます。

▶Section 57　第7章 | フォームで入力画面を作ろう

フォームを保存しよう

単票形式のフォームを修正し、上書き保存します。フォームウィザードを使って作成したフォームは、ウィザードの中で保存できますが、デザインビューでいちから作成したフォームは保存の操作が必要です。

① フォームを修正する

1 162ページで作成したフォームをレイアウトビューで表示しておきます。

登録日が正しく表示されません。

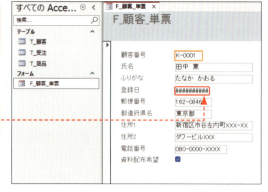

2 「登録日」のコントロールをクリックします。

3 コントロールの外枠にマウスポインターを移動して、外側にドラッグします。

📝 Memo

コントロール

フォームを構成している枠で囲まれた部品のことです。コントロールの操作は172ページを参照してください。

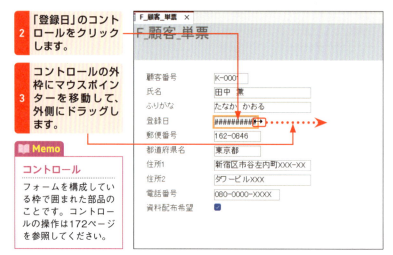

166

📖 Memo

フォームを削除するには

フォームを削除するには、削除したいフォームをあらかじめ閉じておき、ナビゲーションウィンドウで削除するフォームを選択して[Delete]を押します。

② フォームを保存する

1. コントロールの幅を広げたので、登録日の日付が正常に表示されます。

2. [上書き保存]をクリックします。

📖 Memo

[名前を付けて保存]画面

フォームを保存していない場合は、[上書き保存]をクリックしたときに[名前を付けて保存]画面が表示されます。一方、保存済みのフォームを修正して[上書き保存]をクリックすると、フォームが最新の内容に更新されます。

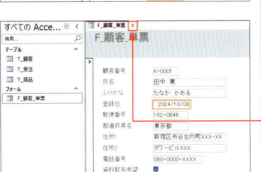

3. ここをクリックしてフォームを閉じます。

▶ Section **58**　第7章 | フォームで入力画面を作ろう

フォームからデータを入力しよう

フォームから新規データを入力してみましょう。保存の操作をしなくても、入力したデータは自動的に保存されます。ただし、新規データの入力中、Escを2回押してキャンセルした場合などは保存されません。

① 新規レコードを表示する

1 「F_顧客_単票」フォームをダブルクリックすると、

2 フォームがフォームビューで開きます。

3 下部の[新しい(空の)レコード]をクリックします。

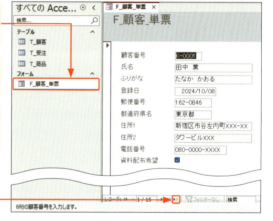

4 白紙のカードが表示されます。

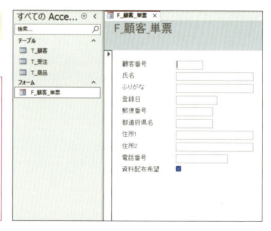

Memo

フィールド間の移動方法

単票形式のフォームでデータを入力中にTabや↓を押すと、カーソルが次のフィールドに移動します。Shift+Tabや↑を押すと、カーソルが前のフィールドに移動します。

168

② フォームからデータを入力する

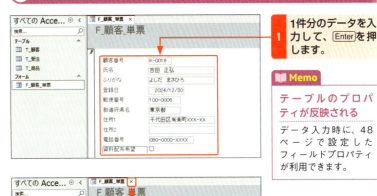

1. 1件分のデータを入力して、[Enter]を押します。

📖 Memo

テーブルのプロパティが反映される

データ入力時に、48ページで設定したフィールドプロパティが利用できます。

2. データが追加されて、新しいカードが表示されました。

3. ここをクリックして、フォームを閉じます。

4. 「T_顧客」テーブルをダブルクリックすると、

5. 末尾にデータが追加されていることが確認できます。

☀ Hint

フォームビューで表示するデータを切り替えるには

フォームの下部には、データの総件数や表示中のデータの順番などが表示されます。

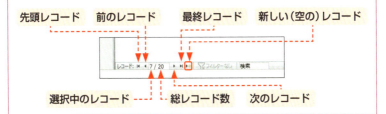

先頭レコード　前のレコード　最終レコード　新しい（空の）レコード

選択中のレコード　総レコード数　次のレコード

► Section **59**　第7章 | フォームで入力画面を作ろう

フォームの編集画面の構成を確認しよう

フォームを編集するには、レイアウトビューかデザインビューで操作します。どちらのビューでも編集はできますが、デザインビューの方がより本格的なフォームの編集が可能です。ここではデザインビューの構成を紹介します。

① デザインビューの画面構成

フォームのデザインビューは、いくつかのセクション（領域）にわかれています。「フォームヘッダーセクション」には、フォームのタイトルなどを表示します。「詳細セクション」には、テーブルの各フィールドが表示されています。「フォームフッターセクション」には、補足情報を表示するときに使用します。

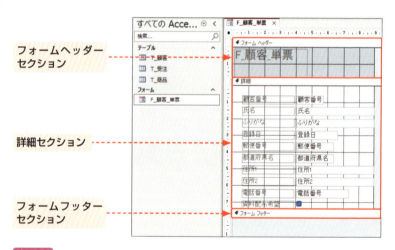

フォームヘッダーセクション

詳細セクション

フォームフッターセクション

☀ Hint

フォームの横幅を調整するには

フォーム全体の幅を変更するには、フォームの右辺にマウスポインターを移動して、マウスポインターの形が変わったら左右にドラッグします。

170

② フォームの編集

フォームを編集するときは、[フォームデザイン]タブ、[配置]タブ、[書式]タブを使います。また、[フォームデザイン]タブの[プロパティシート]をクリックすると、右側にプロパティシートの作業ウィンドウが表示されて、選択したセクションやコントロールの詳細を確認/設定できます。

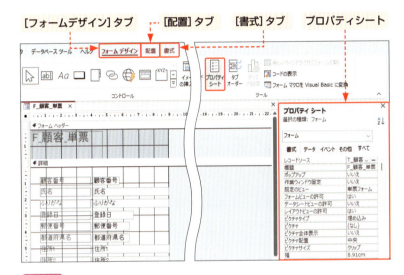

※ Hint

セクション全体やフォーム全体を選択する方法

セクション全体に書式を設定する場合は、デザインビューでセクション名が表示されている部分をクリックします。また、フォーム全体に関る書式を設定する場合には、以下のようにデザインビューの左上角の四角形をクリックして、フォーム全体を選択します。

▶ Section 60　第7章｜フォームで入力画面を作ろう

フォームのコントロールを知ろう

フォームのレイアウトを変更するときは、デザインビューやレイアウトビューに表示される<u>コントロール</u>と呼ばれる部品を操作します。コントロールには、<u>ラベル</u>や<u>テキストボックス</u>など、いくつかの種類があります。

① さまざまなコントロール

1. 「F_顧客_単票」フォームをデザインビューで開きます。

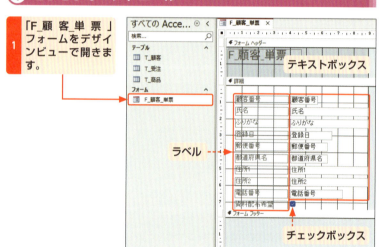

📔 Memo

コントロール

コントロールとは、フォームを構成している部品のことです。コントロールのサイズや配置を変更しながらレイアウトを整えます。ラベルは「顧客番号」や「氏名」などのフィールド名が表示されるコントロール、テキストボックスは実際のデータなどが表示されるコントロールです。

✴ Hint

あとからコントロールを追加する

コントロールをあとから追加するには、デザインビューで[フォームデザイン]タブの[既存のフィールドの追加]をクリックします。[フィールドリスト]作業ウィンドウが表示されたら、追加するフィールドの項目をフォームの詳細セクション内にドラッグします。

② コントロールを選択する

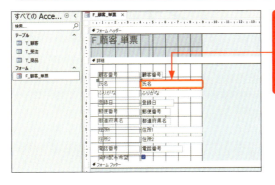

1. コントロール（ここでは「氏名」）をクリックすると、オレンジ色の枠が付き、コントロールが選択されます。

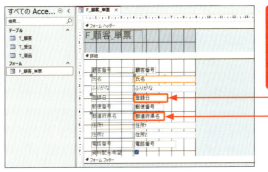

2. Ctrlを押しながら順番にコントロールをクリックすると、離れた複数のコントロールを選択できます。

3. 上部のルーラーの目盛りにマウスポインターを移動し、↓の形に変わった状態でクリックすると、

4. 目盛り上にあるコントロールをまとめて選択できます。

※ Hint

コントロールの選択を解除するには

選択したコントロールにはオレンジ色の枠が付きます。選択を解除するには、詳細セクションの背景など、コントロール以外の場所をクリックします。

► Section 61　第7章 | フォームで入力画面を作ろう

コントロールのサイズや位置を変更しよう

フォームの**コントロールのサイズは、あとから自由に調整が可能**です。レイアウトビューを使って、実際のデータの文字数に合わせて、テキストボックスコントロールのサイズを調整してみましょう。

① コントロールのサイズを変更する

1. 「F_顧客_単票」フォームをレイアウトビューで開きます。

2. 「住所1」のテキストボックスをクリックします。

3. Ctrlを押しながら、「住所2」のテキストボックスをクリックします。

4. いずれかのコントロールの右辺にマウスポインターを移動し、⇔に変わった状態で右方向にドラッグします。

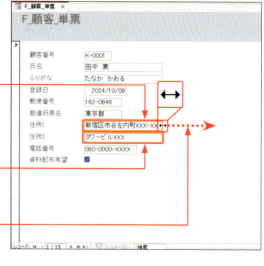

5. 2つのコントロールのサイズが大きくなりました。

② コントロールを移動/削除する

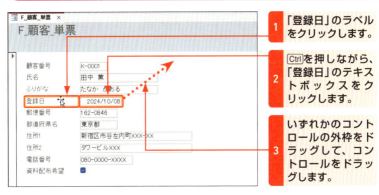

1. 「登録日」のラベルをクリックします。
2. Ctrlを押しながら、「登録日」のテキストボックスをクリックします。
3. いずれかのコントロールの外枠をドラッグして、コントロールをドラッグします。

4. 2つのコントロールが移動しました。

Memo

デザインビューでも変更できる

上記と同じ操作はデザインビューでも可能です。

Hint

コントロールが移動できない場合は

[作成]タブの[フォーム]をクリックして作成したフォームでは、全コントロールがグループ化されているため、個別に移動やサイズ変更ができません。デザインビューでコントロールの1つをクリックして、左上の⊞をクリックして全コントロールを選択し、[配置]タブの[レイアウトの削除]をクリックすると、グループ化が解除されて個別に操作できます。

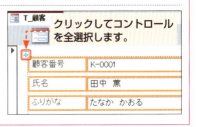

クリックしてコントロールを全選択します。

Memo

コントロールを削除する

コントロールを削除するには、対象のコントロールを選択してDeleteキーを押します。

▶ Section **62**

第7章 | フォームで入力画面を作ろう

フォームのタイトルを
変更しよう

フォームを作成した直後は、**フォームヘッダー**にフォームのもとになるテーブル／クエリの名前や、フォームウィザードで指定したフォームの名前がそのまま表示されます。**フォームを利用する人がわかりやすい名前に変更**しておきましょう。

① タイトルを変更する

1 「F_顧客_単票」フォームをデザインビューで開きます。

2 フォームヘッダーのタイトルを2回ゆっくりクリックします。

3 カーソルが表示されたら、タイトルを上書き入力して Enter を押します。

📖 Memo

レイアウトビューでも変更できる

タイトルはレイアウトビューでも変更できます。

176

② コントロールやセクションのサイズを調整する

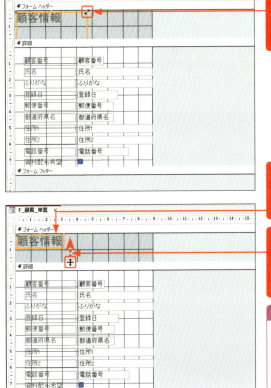

1. タイトルのコントロールをクリックし、外枠のハンドルをダブルクリックします。

2. 文字列の長さにあわせて、コントロールのサイズが自動調整されます。

3. フォームヘッダーセクションの下側の境界線を上方向にドラッグして、高さを狭めます。

☀ Hint

文字に飾りをつける

コントロールの文字のサイズや色などを変更するには、コントロールを選択して[書式]タブから書式を設定します。

☀ Hint

サイズ変更ハンドルの形は変化する

コントロールの周りに表示されるハンドルにマウスポインターを移動すると、マウスポインターの形が以下のように変化します。

形	操作
↔	コントロールの横方向のサイズを調整します。
↕	コントロールの縦方向のサイズを調整します。
⤡	コントロールの横方向と縦方向のサイズを同時に調整します。

第7章 フォームで入力画面を作ろう

177

▶ Section 63

第7章 | フォームで入力画面を作ろう

ウィザードを使って表形式のフォームを作ろう

フォームウィザードを利用して、一覧表形式でデータを表示するフォームを作成します。ここでは、「Q_顧客_都道府県名を指定」クエリをもとにフォームを作成します。

① 表形式のフォームを作成する

1	「Q_顧客_都道府県名を指定」クエリをクリックして選択します。
2	[作成]タブをクリックし、
3	[フォームウィザード]をクリックします。

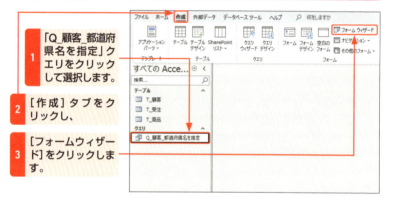

| 4 | フォームウィザードが起動し、[テーブル/クエリ]欄に「Q_顧客_都道府県名を指定」が表示されていることを確認します。 |

☀ Hint

クエリからフォームを作成できる

最初にナビゲーションウィンドウでもとになるクエリを選択すると、クエリをもとにしたフォームを作成できます。

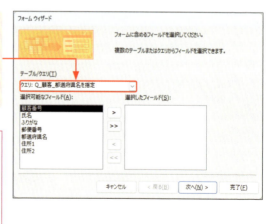

178

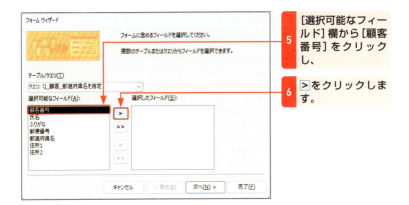

5 [選択可能なフィールド]欄から[顧客番号]をクリックし、

6 > をクリックします。

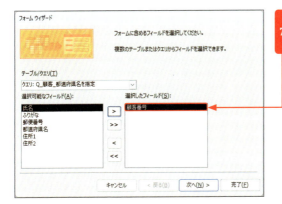

7 [顧客番号]が[選択したフィールド]欄に移動します。

8 同様の操作で、[氏名][ふりがな][都道府県名]フィールドを[選択したフィールド]欄に追加します。

9 [次へ]をクリックします。

第7章 フォームで入力画面を作ろう

179

10	[表形式]をクリックし、
11	[次へ]をクリックします。

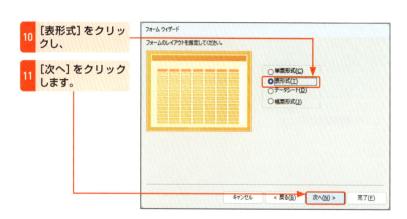

12	フォーム名に「F_顧客_都道府県名を指定」と入力し、
13	[完了]をクリックします。

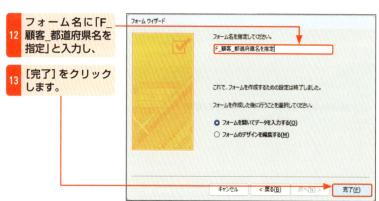

14	都道府県名(ここでは「東京都」)を入力し、[OK]をクリックします。

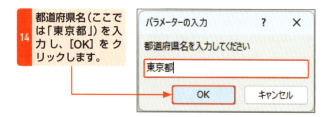

※ Hint

パラメータークエリ

ここで作成したフォームのもとの「Q_顧客_都道府県名を指定」クエリは、パラメータークエリ(116ページ参照)です。このため、フォームを実行すると、抽出条件を入力する画面が表示されます。

15 顧客データを表形式で表示するフォームを作成できました。

顧客番号	氏名	ふりがな	都道府県名
K-0001	田中 薫	たなか かおる	東京都
K-0006	西山 麻衣	にしやま まい	東京都
K-0010	佐藤 陽斗	さとう はると	東京都

※ Hint

表形式のフォームのコントロール

表形式のフォームをデザインビューで表示すると、フォームヘッダー上にラベルコントロールが横に並びます。また、詳細セクションのテキストボックスコントロールには、もとになるテーブルのデータが繰り返し表示されます。

Memo

表形式フォームの行の色

表形式のフォームを作成すると、レコードに交互に色が付きます。色を変更するには、詳細セクションを選択して、[書式] タブの [交互の行の色] で設定します。

第7章 フォームで入力画面を作ろう

181

▶ Section **64**

第7章 | フォームで入力画面を作ろう

フォーム上で計算しよう
（演算コントロール）

フォームを構成するコントロールのうち、計算用のコントロールを演算コントロールといいます。ここでは、注文ごとの金額の合計を計算して演算コントロールに表示します。

① フォームを作成する

1 [Q_受注一覧]クエリをクリックし、178ページの方法でフォームウィザードの画面を表示します。

2 163ページの方法で、すべてのフィールドを追加します。

3 [次へ]をクリックします。

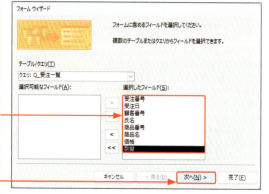

4 データの表示方法は[by T_受注]が選択されていることを確認します。

5 [次へ]をクリックします。

※ Hint

データの表示方法

フォームのもとのクエリは、複数のテーブルのフィールドを追加して作成したクエリです。手順 4 では、「by T_受注」テーブルを選択して受注データの一覧を表示します。

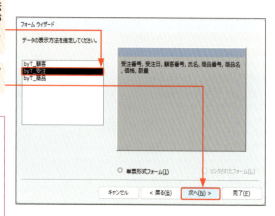

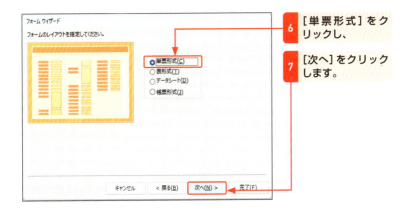

6 [単票形式]をクリックし、

7 [次へ]をクリックします。

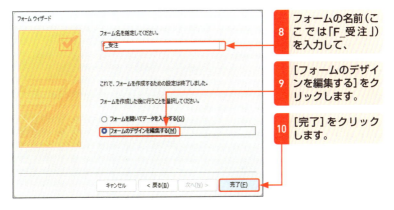

8 フォームの名前(ここでは「F_受注」)を入力して、

9 [フォームのデザインを編集する]をクリックします。

10 [完了]をクリックします。

② セクションの高さを変更する

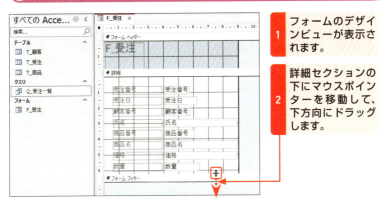

1 フォームのデザインビューが表示されます。

2 詳細セクションの下にマウスポインターを移動して、下方向にドラッグします。

3 詳細セクションの高さが広がりました。

📝 Memo

演算コントロールの追加

ここでは、詳細セクションに演算コントロールを配置して、1件分の受注データごとに、「価格×数量」を計算した金額を表示します。まずは、詳細セクションの高さを広げて、演算コントロールを配置する準備をします。

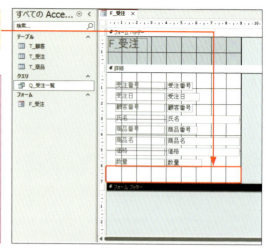

③ コントロールを配置する

1 [フォームデザイン]タブの[コントロール]の▽をクリックします。

2 [コントロールウィザードの使用]をクリックしてオフにします。

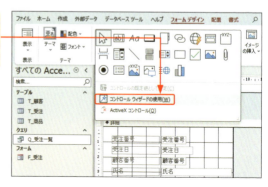

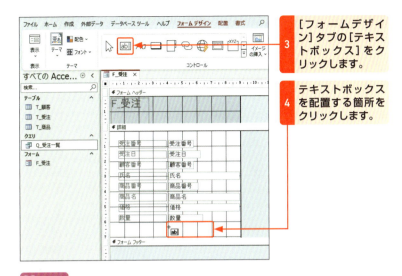

3 [フォームデザイン]タブの[テキストボックス]をクリックします。

4 テキストボックスを配置する箇所をクリックします。

Memo

[コントロールウィザードを使用する]とは

手順2で[コントロールウィザードの使用]がオンになっていると、コントロールを配置した後にウィザード画面が表示されて、ウィザード内でテキストボックスの書式や名前などを選択できます。

④ ラベルのプロパティを設定する

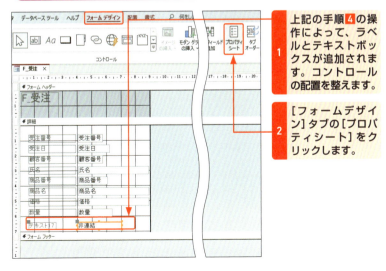

1 上記の手順4の操作によって、ラベルとテキストボックスが追加されます。コントロールの配置を整えます。

2 [フォームデザイン]タブの[プロパティシート]をクリックします。

185

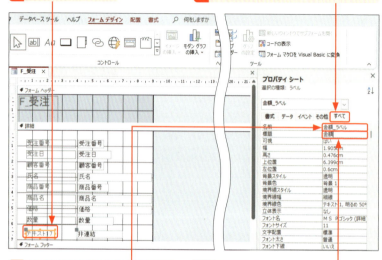

3 ラベルをクリックします。
4 プロパティシートの[すべて]タブをクリックします。
5 [名前]欄をクリックし、「金額_ラベル」と入力します。
6 [標題]欄をクリックし、「金額」と入力します。

Hint

「名前」プロパティ

「名前」プロパティは、コントロールの名前を設定するプロパティです。コントロールには自動的に「テキストX」などの名前が付与されます。このままでも支障はありませんが、わかりやすい名前を付けるとよいでしょう。

Hint

「標題」プロパティ

ラベルの「標題」プロパティは、ラベルに表示される文字列の内容を設定するプロパティです。デザイングリッドのラベルに直接文字を入力しても反映されます。

Memo

選択しているコントロール

プロパティシートの上部には、選択しているコントロールの名前が表示されます。✓をクリックして、別のコントロールを選択することもできます。

⑤ テキストボックスのプロパティを設定する

1 テキストボックスをクリックします。

2 プロパティシートの[すべて]タブの[名前]欄をクリックし、「金額」と入力します。

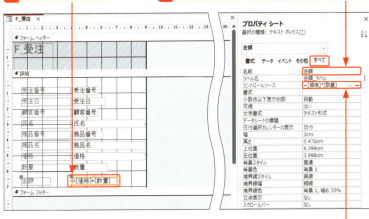

3 [コントロールソース]欄に「=[価格]*[数量]」と入力します。

4 [ホーム]タブの[表示]をクリックします。

5 演算フィールドに金額が表示されます。

※ Hint

「コントロールソース」プロパティ

「コントロールソース」プロパティは、コントロールに表示する内容を指定するプロパティです。ここでは、「価格*数量」の金額を表示するので、計算式を入力します。既存のフィールド名を使って計算式を作成するときは、「=[価格]*[数量]」のように、フィールド名の前後を半角文字の[ ]で囲みます。

▶ Section 65　第7章　フォームで入力画面を作ろう

計算結果に通貨の書式を設定しよう

演算コントロールで表示する計算結果の数字の表示方法を指定します。¥記号や3桁ごとのカンマを付けるには、コントロールの「書式」プロパティを設定します。ここでは、「通貨」の書式を選択します。

① 演算コントロールの書式を設定する

1. 「F_受注」フォームをデザインビューで開き、詳細セクションの演算コントロールをクリックします。
2. [フォームデザイン]タブの[プロパティシート]をクリックします。

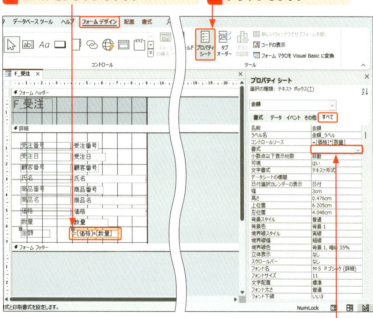

3. プロパティシートの[すべて]タブの[書式]欄をクリックします。

188

4 ▽をクリックして、[通貨] をクリックします。

Memo

書式を設定する

ここでは、「¥1,000」のように半角文字の「¥」記号と「，」付きで表示するため、演算コントロールの「書式」プロパティで [通貨] を選択しています。

② 計算結果を確認する

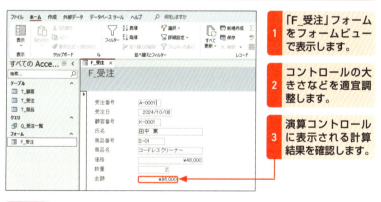

1 「F_受注」フォームをフォームビューで表示します。

2 コントロールの大きさなどを適宜調整します。

3 演算コントロールに表示される計算結果を確認します。

Hint

クエリの演算フィールドを利用する

Section64と本セクションでは、演算コントロールを配置して計算をする操作を紹介しました。118ページで作成した「Q_受注一覧_合計」クエリをもとにフォームを作成する場合は、演算コントロールを別途配置する必要はありません。このクエリの演算フィールドの値をそのままフォームに表示できます。

Hint

メイン/サブフォームも作成できる

リレーショナルデータベースは複数のテーブルに関連付けを設定することで、ほかのテーブルのデータを参照できます。本書では、テーブルやクエリをもとにしてひとつのフォームを作成しましたが、複数のテーブルやクエリを同時に表示するフォームを作成することもできます。たとえば、顧客情報を示すフォーム(メインフォーム)に、顧客が注文した関連データを表示するフォーム(サブフォーム)を追加したメイン/サブフォームを作成できます(本書ではメイン/サブフォームの操作は紹介していません)。

メイン/サブフォームでは、メインフォームのデータを切り替えると、連動してサブフォームの内容が自動的に切り替わります。以下の図では、メインフォームの顧客情報を単票形式で表示し、サブフォームにはその顧客が注文した商品がデータシート形式で表示されています。

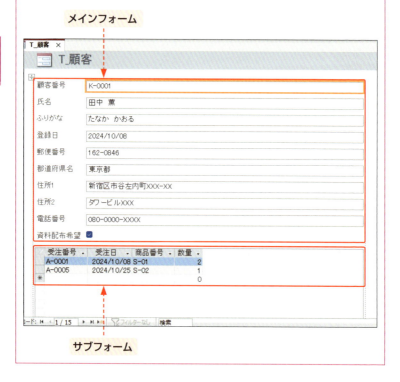

▶▶ 第 **8** 章 ◀◀

レポートを印刷しよう

- ▸ Section **66**　レポートの役割を知ろう
- ▸ Section **67**　レポートの作成方法を知ろう
- ▸ Section **68**　レポートのビューを切り替えよう
- ▸ Section **69**　ウィザードを使って表形式のレポートを作ろう
- ▸ Section **70**　レポートを保存しよう
- ▸ Section **71**　レポートの印刷イメージを確認しよう
- ▸ Section **72**　用紙の向きやサイズを変更しよう
- ▸ Section **73**　レポートのヘッダーを編集しよう
- ▸ Section **74**　データを並べ替えて印刷しよう
- ▸ Section **75**　データをグループごとにまとめて印刷しよう
- ▸ Section **76**　グループごとに改ページして印刷しよう
- ▸ Section **77**　レポートをPDF形式で保存しよう
- ▸ Section **78**　宛名ラベルを印刷しよう

▶ Section **66**　第8章 ｜ レポートを印刷しよう

レポートの役割を知ろう

レポートとは、テーブルやクエリのデータを思い通りに印刷するためのオブジェクトです。レポートのレイアウトを指定することで、一覧表形式や宛名ラベル形式など、さまざまな形式で印刷できます。

① レポートのしくみ

WordやExcelでは、[印刷]をクリックするだけで文書や表を印刷できます。Accessでは、どのフィールドのデータを印刷するのか、どんなレイアウトで印刷するのかなど、ひとつずつ設定しながらレポートを作成します。

デザインビュー

デザインビューで印刷のレイアウトを指定します。

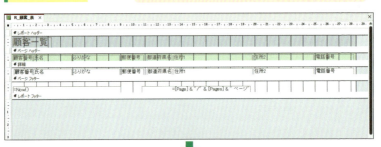

印刷プレビュー

印刷する前に、印刷プレビューで用紙に印刷されるイメージを確認します。

② レポートの種類

レポートは見た目の違いでいくつかの種類に分かれます、代表的なレポートは以下の通りです。

表形式

複数のレコードを一覧表形式で印刷するレポートです。[作成]タブの[レポート]をクリックすると、表形式のレポートをかんたんに作成できます。

単票形式

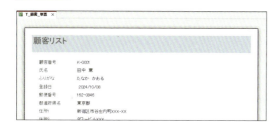

1レコード(1件分のデータ)が表示されたカード形式で印刷するレポートです。[作成]タブの[レポートウィザード]をクリックすると作成できます。

帳票形式

単票形式のレポートと同じように、1レコード(1件分のデータ)が表示されたカード形式で印刷するレポートです。単票形式のレポートでは、基本的にフィールドが縦方向に表示されますが、帳票形式のレポートはフィールドが縦にも横にも表示されます。[作成]タブの[レポートウィザード]をクリックすると作成できます。

宛名ラベル

市販の宛名ラベルに必要なフィールドをレイアウトして印刷するレポートです。[作成]タブの[宛名ラベル]を使って作成します。

▶Section 67　第8章 | レポートを印刷しよう

レポートの作成方法を知ろう

レポートを作成する方法は、ボタンをクリックして作成するかんたんな方法、レポートウィザードに沿って質問に答えながら作成する方法などがあります。いずれの場合でも、作成したレポートを編集/保存する操作は共通です。

① レポートを作成する3つの方法

[レポート] をクリックして作成する

[作成] タブの [レポート] をクリックすると、すぐに表形式のレポートを作成できます。

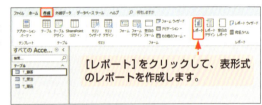

[レポート]をクリックして、表形式のレポートを作成します。

レポートウィザードで作成する

レポートウィザードでの作成は、レポートのもとになるテーブルやクエリ、レポートに表示するフィールド、レポートの種類などを画面に表示される指示に沿って作成する方法です。

レポートウィザードでレポートを作成します。

そのほかの方法で作成する

「単票形式」「表形式」「帳票形式」の3種類以外のレポートは、[作成] タブの [宛名ラベル] や [伝票ウィザード]、[はがきウィザード] をクリックして作成します。白紙の状態から作成するときは、[作成] タブの [レポートデザイン] をクリックして作成します。

② レポートの作成手順

①レポートのベースを作成する

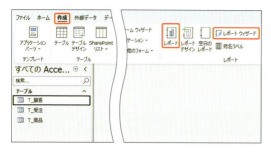

[作成]タブの[レポート]や[レポートウィザード]などを利用して、レポートのベースを作ります。

②デザインビュー（レイアウトビュー）でレポートを編集する

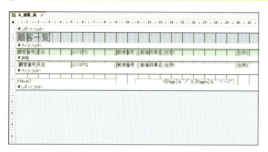

レポートのデザインビュー（レイアウトビュー）を開きます。レポートを構成するコントロール（部品）の配置などを調整します。

③印刷プレビュー（レポートビュー）でレポートを表示する

完成したレポートを表示して確認します。レポートに名前を付けて保存します。

※ Hint

テーブルやクエリでは印刷できないの？

テーブルのデータやクエリの実行結果をデータシートビューで表示し、[ファイル]タブの[印刷]から印刷を実行することもできますが、レイアウトの変更はできません。

▶ Section 68　第8章 | レポートを印刷しよう

レポートのビューを切り替えよう

レポートを編集するには、レイアウトビューかデザインビューに切り替えて操作します。レポートのデザインやレイアウトをより細かく編集するときは、デザインビューを利用します。

① レイアウトビューに切り替える

1 レポートビューで[ホーム]タブの[表示]をクリックします。

2 レイアウトビューに切り替わります。[表示]をクリックするごとに、レポートビューとレイアウトビューが交互に切り替わります。

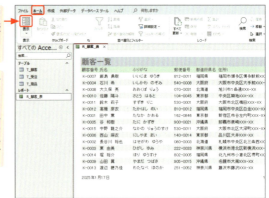

📖 Memo

そのほかのビュー

レポートビューやレイアウトビュー、デザインビューで[ホーム]または[レポートレイアウトのデザイン]や[レポートのデザイン]タブの[表示]の☑をクリックすると、表示するビューを選択できます。

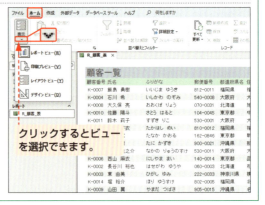

クリックするとビューを選択できます。

196

② デザインビューの画面構成

レポートのデザインビューを開くと、レポートが以下のセクションに分かれて表示されます。各セクションの名前と機能は、以下の通りです。セクションごとに編集できます。

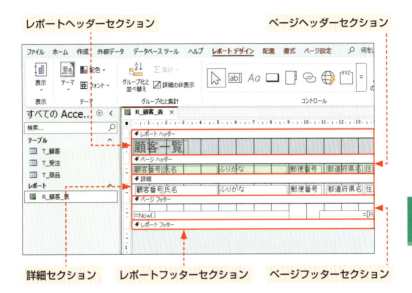

セクション名	内容
レポートヘッダーセクション	レポートの先頭ページに1回だけ印刷されるセクションです。レポート全体のタイトルや日付、時刻などを配置します。
ページヘッダーセクション	すべてのページの上部に印刷されるセクションです。フィールド名などを配置します。
詳細セクション	テーブルやクエリなど、レポートのもとになるデータを印刷するセクションです。
ページフッターセクション	すべてのページの下部に印刷されるセクションです。ページ番号などを配置します。
レポートフッターセクション	レポートの最終ページに1回だけ印刷されるセクションです。レポートの集計結果などを配置します。

📖 Memo

レイアウトビュー

レイアウトビューは、レポートのデザインやレイアウトを編集するときに利用します。デザインビューでも編集はできますが、レイアウトビューでは実際のデータを表示しながら作業できるので、より直感的が編集ができます。ただし、レイアウトビューでは使えない機能もあります。

第8章 レポートを印刷しよう

197

▶ Section **69**

第8章 | レポートを印刷しよう

ウィザードを使って表形式のレポートを作ろう

ここでは、レポートウィザードを使って表形式のレポートを作成します。ウィザード画面の中で、もとになるテーブルや表示するフィールド、レイアウトなどを指定できます。

① レポートウィザードを開く

1 「T_顧客」テーブルをクリックします。

2 [作成] タブクリックし、[レポートウィザード] をクリックします。

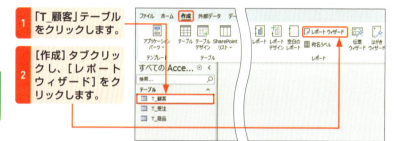

3 [テーブル/クエリ] 欄にもとになるテーブルが表示されていることを確認します。

4 「顧客番号」フィールドをクリックします。

5 > をクリックします。

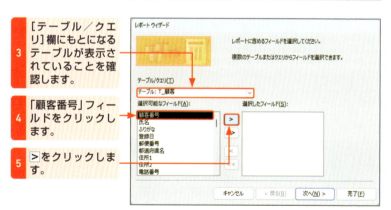

☀ Hint

クエリからレポートを作成することもできる

ナビゲーションウィンドウでもとになるクエリをクリックしてから、レポートを作成することもできます。

198

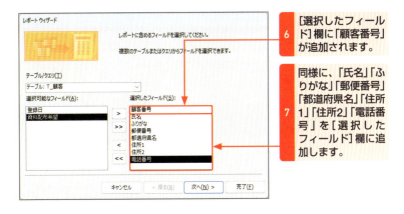

6 [選択したフィールド]欄に「顧客番号」が追加されます。

7 同様に、「氏名」「ふりがな」「郵便番号」「都道府県名」「住所1」「住所2」「電話番号」を[選択したフィールド]欄に追加します。

8 必要なフィールドを追加したら、[次へ]をクリックします。

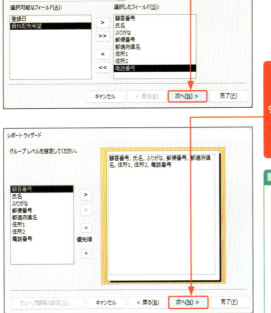

9 グループごとにデータをまとめて印刷するかを指定します。ここでは、何も指定せずに[次へ]をクリックします。

Memo

表示するフィールドを選択できる

レポートウィザードを使うと、レポートに表示するフィールドを選択できます。一方、[作成]タブの[レポート]をクリックすると、無条件にすべてのフィールドを表示する表形式のレポートが作成されます。

10 並べ替え条件を指定します。ここでは、何も指定せずに[次へ]をクリックします。

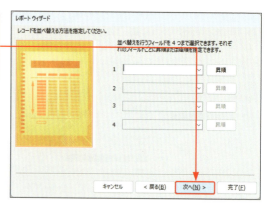

11 レポートのレイアウトや用紙の向きを指定します。ここでは、レイアウトは[表形式]、向きは[縦]を選択します。

12 [次へ]をクリックします。

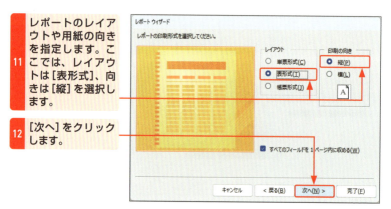

13 レポート名に「R_顧客_表」と入力し、

14 [完了]をクリックします。

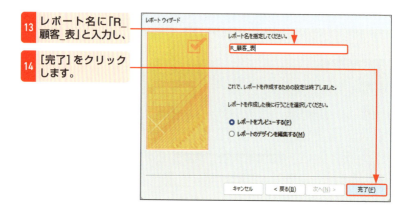

Hint

並べ替え条件を指定する

手順⑩で並べ替え条件を指定するには、最初に並べ替えを行うフィールドを指定します。次に、フィールドの横の[昇順]をクリックし、並べ替えの基準を[昇順]または[降順]として指定します。

15 レポートが印刷プレビューで表示されます。
16 保存したレポートがナビゲーションウィンドウに表示されます。
17 [印刷プレビューを閉じる]をクリックします。

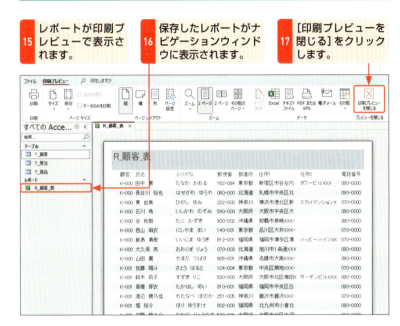

Memo

レポート名の付け方

レポートの名前は自由に付けられますが、ナビゲーションウィンドウでオブジェクトを選択するときに、レポートであることがひと目でわかるようにするため、本書ではレポート名の先頭に「R_」という記号を付けて保存しています。なお、レポートなどのオブジェクトの名前を付けるとき、[ ](角括弧)など一部の記号は使用できません。

Memo

文字が欠ける場合もある

手順⑪の画面で[表形式]を選択して[すべてのフィールドを1ページ内に収める]にチェックを付けると、選択したフィールドが用紙の幅に収められます。その結果、フィールド名やデータが途中で切れてしまうこともあります。ここでは、「顧客番号」「ふりがな」「郵便番号」「都道府県名」「住所1」「住所2」「電話番号」などが正しく表示されていないので、あとから修正します。

201

▶ Section 70　第8章 | レポートを印刷しよう

レポートを保存しよう

表形式のレポートを修正して上書き保存します。レポートウィザードで作成したレポートは、ウィザードの処理で保存されますが、デザインビューでいちから作成したレポートは手動で保存する必要があります。

① レポートを修正する

1 「R_顧客_表」レポートをレイアウトビューで表示しておきます。

2 「顧客番号」のラベルコントロールをクリックします。

3 Ctrlキーを押しながら、テキストボックスコントロールをクリックします。

4 コントロールの外枠の左辺にマウスポインターを移動して、左方向にドラッグします。

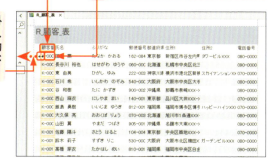

📖 Memo

レポートを修正する

ここでは、「顧客番号」の表示が隠れているため、コントロールの横幅を広げて、レイアウトを調整しています。コントロールの操作は、第7章で解説したフォームのコントロールと同じです。

② レポートを保存する

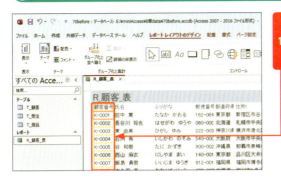

1. コントロールの幅が広がって、隠れていたデータが表示されます。

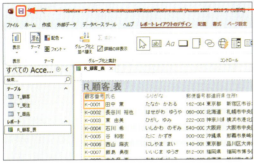

2. [上書き保存]をクリックします。

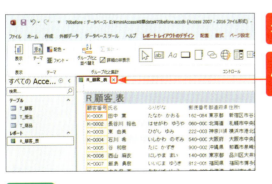

3. レポートが保存されました。
4. ここをクリックして、レポートを閉じます。

📖 Memo

[名前を付けて保存]画面

レポートを保存していない場合は、[上書き保存]をクリックしたときに[名前を付けて保存]画面が表示されます。一方、保存済みのレポートを修正して[上書き保存]をクリックすると、画面は表示されず、レポートが最新の内容に更新されます。

▶ Section 71　第8章 | レポートを印刷しよう

レポートの印刷イメージを確認しよう

198ページから203ページで作成した表形式のレポートを印刷プレビューで確認します。印刷プレビューに切り替えると、ページの区切りが明確になり、印刷時のイメージを具体的に確認できます。

① 印刷プレビューを表示する

1 「R_顧客表」レポートをレポートビューで開いておきます。

2 [ホーム]タブの[表示]の▼をクリックし、

3 [印刷プレビュー]をクリックします。

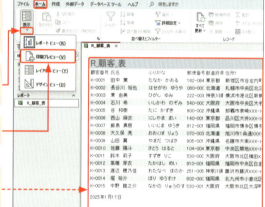

レポートビューでは、印刷時のページの区切りがわかりません。

※ Hint

印刷プレビューから印刷できる

印刷プレビューで[印刷プレビュー]タブの[印刷]をクリックすると、レポートを印刷できます。

📖 Memo

ナビゲーションウィンドウから開く

ナビゲーションウィンドウのレポート名を右クリックし、表示されるメニューの[印刷プレビュー]をクリックすることでも、印刷プレビューを表示できます。

4 印刷プレビューに切り替わりました。

5 レポート内でクリックします。

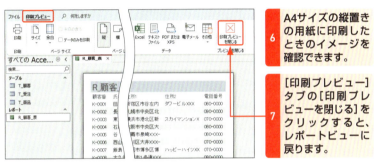

6 A4サイズの縦置きの用紙に印刷したときのイメージを確認できます。

7 [印刷プレビュー]タブの[印刷プレビューを閉じる]をクリックすると、レポートビューに戻ります。

📘 Memo

ページの切り替え方法

印刷プレビュー画面下部の[前のページ]や[次のページ]をクリックすると、1ページずつ印刷プレビュー画面を切り替えできます。また、[最初のページ]や[最後のページ]をクリックすると、先頭ページや最終ページに移動できます。

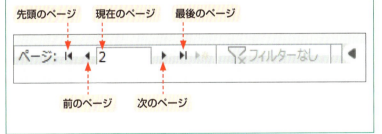

☀ Hint

ページ全体を表示するには

印刷プレビューの画面上にマウスポインターを移動すると、🔍の形に変化します。この状態でクリックすると、1枚の用紙全体を表示できます。クリックするたびに、拡大と縮小が交互に切り替わります。

205

▶Section 72

第8章 | レポートを印刷しよう

用紙の向きやサイズを変更しよう

レポートを作成すると、最初はA4サイズの縦置きの用紙に表示されます。フィールドの数が多い横長のレポートの場合は、用紙を横置きにするとよいでしょう。ここでは、レポートの用紙の向きを変更します。

① 縦置きと横置きを切り替える

1 「R_顧客_表」レポートをデザインビューで開きます。

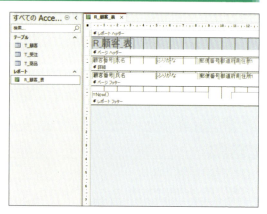

2 [ページ設定] タブをクリックし、

3 [横] をクリックします。

② 印刷イメージを確認する

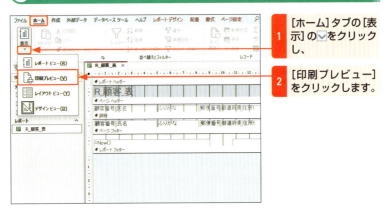

1 [ホーム]タブの[表示]の⌄をクリックし、

2 [印刷プレビュー]をクリックします。

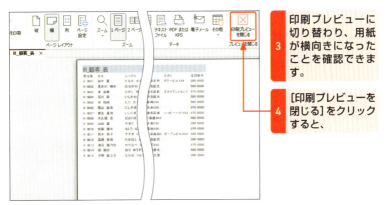

3 印刷プレビューに切り替わり、用紙が横向きになったことを確認できます。

4 [印刷プレビューを閉じる]をクリックすると、

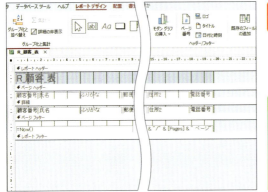

5 デザインビューに戻ります。

☀ Hint

用紙サイズも変更できる

手順3で[ページ設定]タブの[サイズ]をクリックすると、用紙のサイズを変更できます。

▶ Section **73**　第8章 | レポートを印刷しよう

レポートのヘッダーを編集しよう

用紙の幅に合わせて**セクションやコントロールの幅を変更**して、データを見やすくします。また、**ページヘッダーセクションの背景色を変更**して、フィールド名とデータを区別しやすくします。

① セクションの幅を広げる

1. 「R_顧客_表」レポートをデザインビューで開きます。

2. セクションの右端にマウスポインターを移動し、右側にドラッグします。

3. レポート全体のセクションの幅が広がります。

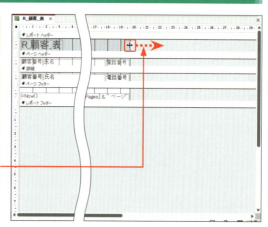

4. レイアウトビューに切り替えます。

5. ここを2回ゆっくりクリックして、レポートのタイトルの文字を修正します。

6. 174ページの方法で、ページヘッダーセクションと詳細セクションの各コントロールのサイズを調整します。

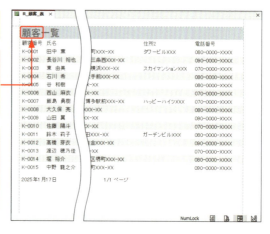

208

② ページヘッダーの背景に色を付ける

1. 「R_顧客_表」レポートをデザインビューで開きます。
2. ページヘッダーのセクション名をクリックします。
3. [書式]タブ→[図形の塗りつぶし]をクリックし、色(ここでは「緑、アクセント6、白+基本色80%」)を選択します。

4. 印刷プレビューに切り替えて、ページヘッダーセクションの色を確認します。

※ Hint

書式を付ける単位

レポートの書式は、レポート全体、セクション単位、コントロール単位などで設定できます。レポート全体、セクション単位の選択方法は171ページのHint、コントロール単位の選択方法は173ページを参照してください。

※ Hint

セクションのプロパティ

セクションを選択した状態で、[レポートデザイン]タブの[プロパティシート]をクリックすると、プロパティシートが表示されます。ページヘッダーの背景に色を付けると、[書式]タブの[背景色]プロパティに設定が反映されます。

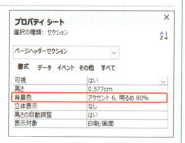

▶Section 74　第8章 | レポートを印刷しよう

データを並べ替えて印刷しよう

レポートのデータは、並べ替えを指定して印刷できます。並べ替えは、レポートウィザード内で指定するほか、あとからでも指定できます。ここでは、あとから「ふりがな」の五十音順に並べ替えます。

① データの並び順を確認する

1 「R_顧客_表」レポートをレポートビューで開きます。

2 データが「顧客番号」順に並んでいることを確認します。

3 デザインビューに切り替え、[レポートデザイン]タブの[グループ化と並べ替え]をクリックします。

4 [並べ替えの追加]をクリックします。

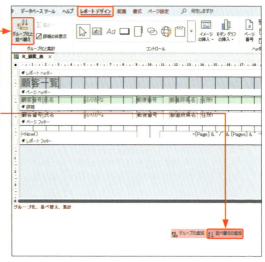

② 並べ替えの条件を指定する

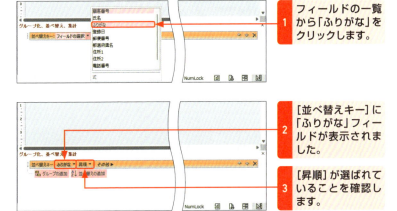

1. フィールドの一覧から「ふりがな」をクリックします。

2. [並べ替えキー]に「ふりがな」フィールドが表示されました。

3. [昇順]が選ばれていることを確認します。

4. レポートビューに切り替えます。

5. 「ふりがな」の五十音順に並べ替わったことを確認します。

※ Hint

並べ替え条件を解除する

設定した並べ替え条件を削除するには、[並べ替えキー]をクリックし、右端の×をクリックします。

※ Hint

並べ替えがうまくいかない場合

もとになるテーブルやクエリ、レポートウィザード、レポートのデザインビューなど、並べ替えを指定する場所はいくつかあります。複数の場所で並べ替え条件が指定されていると、データが思うように並べ替わらない場合があります。これは、並べ替えの優先順位が以下のように決まっているためです。

優先順位	内容
第1位	[グループ化と並べ替え]で指定した並べ替え条件。
第2位	レポートの「並べ替え」プロパティで指定した並べ替え条件。
第3位	レポートのもとのテーブルやクエリに指定した並べ替え条件。

▶ Section 75　第8章｜レポートを印刷しよう

データをグループごとにまとめて印刷しよう

レポートウィザードを使うと、画面に表示される質問に従ってレポートを作成できます。ここでは、ウィザードを使用し、顧客データを「登録月」別にまとめて印刷するレポートを作成します。

① レポートウィザードを開く

1 「T_顧客」テーブルをクリックします。

2 [作成]タブをクリックし、[レポートウィザード]をクリックします。

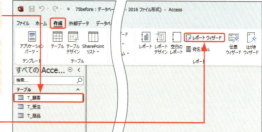

3 [テーブル/クエリ]に「T_顧客」テーブルが表示されていることを確認します。

4 [選択可能なフィールド]から「顧客番号」「氏名」「ふりがな」「登録日」フィールドを[選択したフィールド]欄に追加します。

5 [次へ]をクリックします。

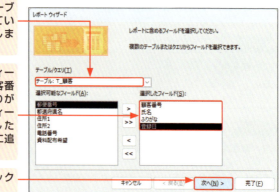

📖 Memo

グループ化とは

レポートでグループを作成すると、指定したフィールドの同じデータをまとめて印刷できます。ここでは、「登録月」フィールドでグループ化して、月ごとにデータをまとめて印刷します。

② グループごとにまとめて印刷する

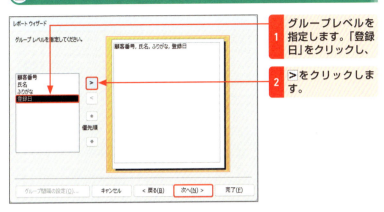

1. グループレベルを指定します。「登録日」をクリックし、
2. >をクリックします。

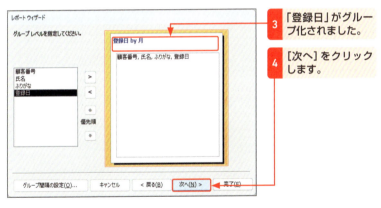

3. 「登録日」がグループ化されました。
4. [次へ]をクリックします。

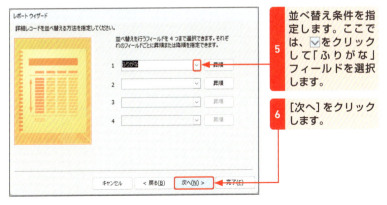

5. 並べ替え条件を指定します。ここでは、☑をクリックして「ふりがな」フィールドを選択します。
6. [次へ]をクリックします。

第8章 レポートを印刷しよう

213

※ Hint

グループ化の単位

グループ化の単位に指定できる内容は、当該フィールドのデータ型によって異なります。たとえば、「日付/時刻型」のフィールドは「年」や「月」などでグループ化できます。また、「数値型」のフィールドは「10単位」「50単位」などの単位でグループ間隔を指定できます。グループ間隔は、手順3の画面にある[グループ間隔の設定]をクリックして指定します。

7 [レイアウト]の[ステップ]をクリックし、

8 [次へ]をクリックします。

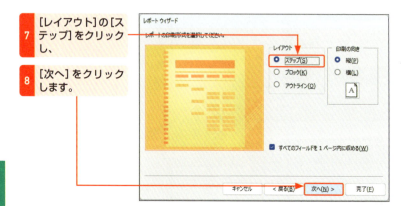

9 レポート名に「R_顧客_登録月ごと」と入力し、

10 [完了]をクリックします。

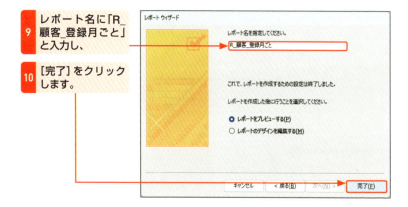

※ Hint

グループごとに集計する

グループごとにデータを集計する場合は、レポートウィザードの並べ替えの画面にある[集計のオプション]をクリックし、集計対象のフィールドや集計方法などを指定します。なお、レポートにデータを集計できるフィールドがない場合は、[集計のオプション]は表示されません。

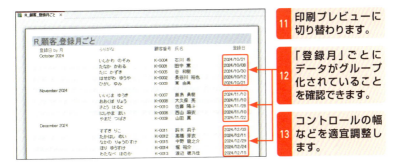

11	印刷プレビューに切り替わります。
12	「登録月」ごとにデータがグループ化されていることを確認できます。
13	コントロールの幅などを適宜調整します。

☀ Hint

グループヘッダーセクションが追加される

グループ化を指定したレポートをデザインビューで開くと、詳細セクションの上側にグループヘッダーセクションが表示されます。ここでは、グループ化を設定した「登録日」がグループヘッダーセクションとして表示されます。

☀ Hint

日付の表示方式

日付をグループ化すると、ページヘッダーに表示される「月」が「October 2024」のように英字表記になります。「2024/10」の形式にするには、グループヘッダーの「登録日」のテキストボックスを選択し、プロパティシートの[データ]タブの[コントロールソース]プロパティ欄を「=Format$([登録日],"yyyy/mm",0,0)」に修正します。

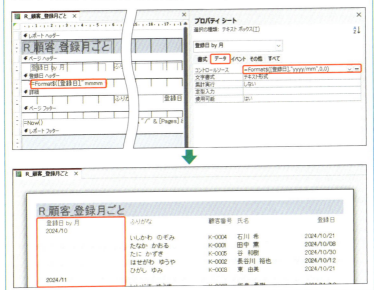

▶ Section 76　第8章 | レポートを印刷しよう

グループごとに改ページして印刷しよう

212ページで作成したレポートは、データをグループごとにまとめて表示されるようにしました。ここでは、レポートを印刷するときに、グループごとに改ページして印刷されるように設定します。

1 詳細セクションのプロパティを設定する

1 「R_顧客_登録月ごと」レポートをデザインビューで開いておきます。

2 グループヘッダーのセクション名をクリックします。

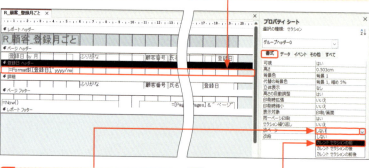

3 [プロパティシート]の[書式]タブの「改ページ」プロパティ欄をクリックします。

4 ▽をクリックし、[カレントセクションの前]を選択します。

5 [改ページ]の指定ができました。

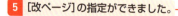

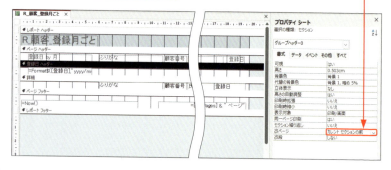

6 印刷プレビュー表示に切り替えます。

7 ▶をクリックして、次のページを表示します。

8 月が変わるごとに改ページされていることを確認できます。

📖 Memo

改ページの設定

レポートでは、レポートヘッダー（フッター）、グループヘッダー（フッター）、詳細などのセクションごとに、「改ページ」プロパティで改ページの設定ができます。ここでは、手順2で「登録日」のグループヘッダーを選択したので、これが「カレントセクション」になります。手順4で[カレントセクションの前]を選択したので、登録日が切り替わる前に改ページします。

改ページの種類	説明
カレントセクションの前	選択したセクションの前で改ページします。
カレントセクションの後	選択したセクションの後で改ページします。
カレントセクションの前後	選択したセクションの前と後でそれぞれ改ページします。

► Section 77　第8章 | レポートを印刷しよう

レポートをPDF形式で保存しよう

AccessのレポートはPDF形式で保存／印刷できます。レポートをPDF形式のファイルで保存すると、Accessがインストールされていないパソコンや OS が異なるパソコンでも表示できます。

① PDF形式で保存する

1 「R_商品一覧」レポートを印刷プレビューで開きます。

2 [印刷プレビュー]タブの[PDFまたはXPS]をクリックします。

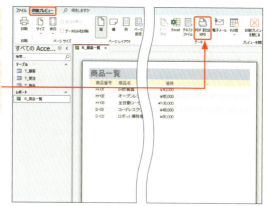

3 PDF形式で保存する保存先とファイル名を指定します。

4 [発行後にファイルを開く]がオンになっていることを確認して、

5 [発行]をクリックします。

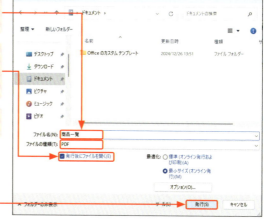

📖 Memo

PDF

PDFは「Portable Document Format」の略で、アドビ株式会社が開発した電子ファイル形式の名称です。PDF形式でファイルを保存すると、OSなどの違いに関係なくファイルを閲覧できます。

6 PDFビューアーまたはWebブラウザーが起動して、PDFファイルが表示されます。

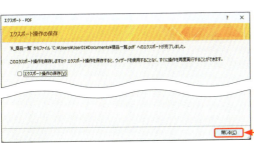

7 Access画面に戻ると、[エクスポート-PDF] 画面が表示されます。

8 [閉じる]をクリックします。

📖 Memo

PDFファイルを表示するアプリ

手順6でレポートがどのアプリで表示されるかは、パソコンによって異なります。Webブラウザーのほか、Adobe Acrobat ReaderなどのPDFビューアをインストールしているパソコンでは、PDFビューアで表示される場合もあります。

☀ Hint

印刷ページを指定できる

手順3の画面で[オプション]をクリックすると[オプション]画面が表示されて、印刷するページを指定できます。

▶ Section 78　第8章 レポートを印刷しよう

宛名ラベルを印刷しよう

宛名ラベルウィザードを使うと、市販のラベル用紙にデータを印刷するレポートを作成できます。ここでは、第5章で作成した「Q_顧客_DM希望者」クエリをもとにして、宛名ラベルのレポートを作成します。

① 宛名ラベルのレポートを作成する

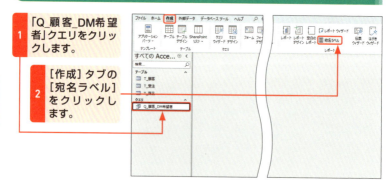

1 「Q_顧客_DM希望者」クエリをクリックします。

2 [作成]タブの[宛名ラベル]をクリックします。

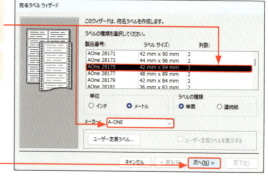

3 ラベルの[メーカー]や製品番号を選択して、

4 [次へ]をクリックします。

☀ Hint

クエリから作成するメリット

最初にクエリでデータを抽出して保存しておき、そのクエリをもとに宛名ラベルを作成すると、条件に一致したデータだけの宛名ラベルを印刷できます。

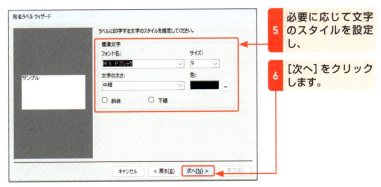

5 必要に応じて文字のスタイルを設定し、

6 [次へ]をクリックします。

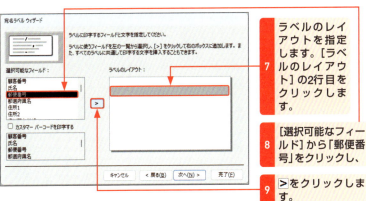

7 ラベルのレイアウトを指定します。[ラベルのレイアウト]の2行目をクリックします。

8 [選択可能なフィールド]から「郵便番号」をクリックし、

9 >をクリックします。

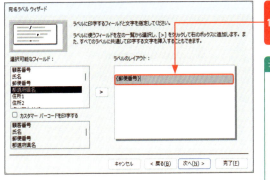

10 「郵便番号」が[ラベルのレイアウト]に追加されました。

☀ Hint

宛名ラベルの製品番号がない場合は

ラベルの種類の一覧に購入した宛名ラベルの製品番号が見つからない場合は、[ユーザー定義ラベル]をクリックし、開く画面で[新規]をクリックして、ラベルのサイズを数値で指定します。

11	2行下の行をクリックし、同様に「都道府県名」「住所1」を追加します。
12	1行下の行をクリックし、同様に「住所2」を追加します。

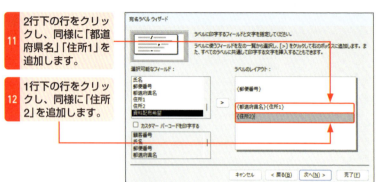

13	2行下の行をクリックし、同様に「氏名」を追加します。
14	スペースキーを押して空白を入れ、「様」を入力します。
15	[次へ]をクリックします。
16	印刷するデータの順番を指定できます。ここでは設定しないので、[次へ]をクリックします。

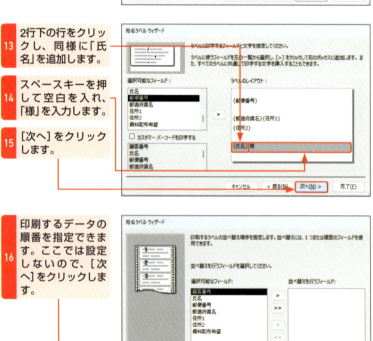

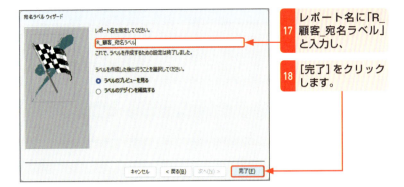

17 レポート名に「R_顧客_宛名ラベル」と入力し、

18 [完了] をクリックします。

19 宛名ラベルの印刷プレビューが表示されます。

📖 Memo

すべてのラベルに共通する文字は直接入力する

「〒」や「様」のように、[ラベルのレイアウト] に文字を直接入力すると、すべての宛名ラベルの同じ位置に、同じ文字が印刷されます。

☀ Hint

デザインビューで編集できる

宛名ラベルウィザードで作成した宛名ラベルの書式やコントロールのレイアウトなどは、デザインビューであとから調整できます。

☀ Hint

はがきの宛名面を作成できる

[作成] タブの [はがきウィザード] を使うと、はがきの宛名面を印刷するレポートを作成できます。

Hint

レポート作成時のエラーについて

フォームやレポートでは、データが正しく表示されないときに、デザインビューに緑色のエラーインジケーター が表示されます。エラーインジケーターをクリックし、表示された [エラーのトレース] をクリックすると、エラーの内容を確認できます。レポート全体を選択したときに、レポートセレクターにエラーインジケーターが表示される原因の多くは、レポートの幅がページの幅を超えていることです。その場合は、既存のコントロールの配置などを変更し、レポートの幅を狭くするとエラーが消えます。

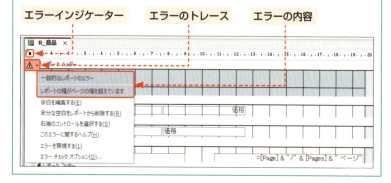

StepUp

メイン/サブレポート

リレーションシップを設定すると、ほかのテーブルのデータを参照して活用できます。フォームやレポートでも、そのようなしくみを利用して、顧客や商品ごとの注文データを同じ画面に表示したりできます。本書では紹介していませんが、そのようなフォームやレポートのことを「メイン/サブフォーム」「メイン/サブレポート」と言います(7章末のコラム参照)。

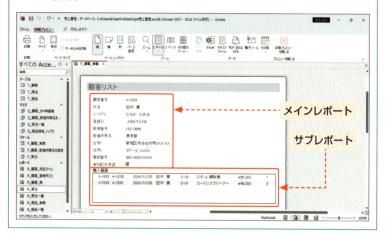

第 9 章

知っておくと
便利な機能

- ▸ Section 79　Excelのデータの一部をAccessに取り込もう
- ▸ Section 80　AccessのデータをExcel形式で保存しよう
- ▸ Section 81　データベース間でオブジェクトをコピーしよう
- ▸ Section 82　データベースのバックアップを作ろう
- ▸ Section 83　セキュリティのメッセージが表示されたら

▶ Section 79

第9章 | 知っておくと便利な機能

ExcelのデータのーをAccessに取り込もう

ExcelのデータのーをAccessにインポートするには、コピー＆ペーストの操作でデータをテーブルに貼り付けます。ここでは、Excelの顧客データのー部をAccessにインポートします。

① Excelのデータのー部をインポートする

1 Excelファイル（ここでは「顧客データ（ファイル名＝79before.xlsx）」）を開いておきます。

2 インポートしたいデータ（ここではA1セル～J6セル）をドラッグして選択し、

3 [ホーム]タブの[コピー]をクリックします。

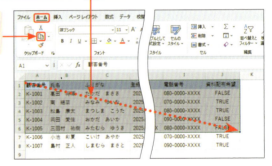

4 インポート先のAccessファイルを開いて、データをインポートするテーブルを開きます。

5 データを貼り付けたい位置（ここでは最終行のレコードセレクタ）をクリックし、

6 [ホーム]タブの[貼り付け]をクリックします。

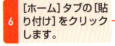

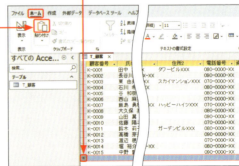

226

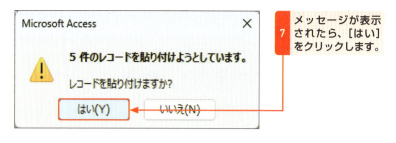

7 メッセージが表示されたら、[はい]をクリックします。

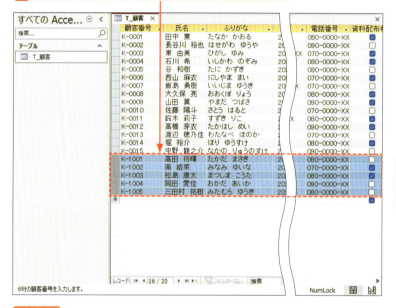

8 手順2で選択したExcelのデータがインポートされます。

Memo

正しくインポートできない場合

Excelデータを正しくインポートできない場合は、Excelデータのフィールド名と、Accessのテーブルのフィールド名を同じにします。なお、既存のテーブルのルールに反したデータはインポートできないので注意しましょう。

Memo

Excelのシート全体をインポートする

Excelのシート全体をAccessにインポートするには、[外部データ]タブの[新しいデータソース]→[ファイルから]→[Excel]をクリックし、「外部データの取り込み」ウィザードに従って操作します。

▶ Section 80　第9章 | 知っておくと便利な機能

Accessのデータを Excel形式で保存しよう

Accessで作成したデータをほかのアプリで利用するには、Accessのデータをそのアプリで利用できる形式に変換します。ここでは、AccessのテーブルのデータをExcelのファイル形式で保存し、Excelで利用できるようにします。

1 Excel形式でエクスポートする

1 データベースファイルを開いておきます。

2 エクスポートするオブジェクト（ここでは「T_顧客」テーブル）をクリックして選択します。

3 [外部データ]タブの[エクスポート]グループの[Excel]をクリックします。

4 [データのエクスポート先の選択]画面が表示されます。

5 [参照]をクリックします。

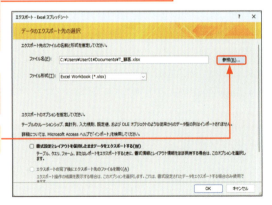

☀ Hint

AccessからAccessにエクスポートする

既存のAccessデータベースファイルのオブジェクトをほかのAccessデータベースファイルにエクスポートするには、[外部データ]タブの[エクスポート]グループの[Access]をクリックします。

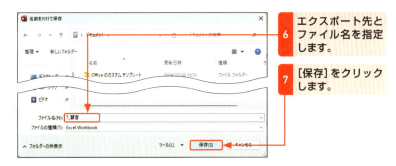

6 エクスポート先とファイル名を指定します。

7 [保存]をクリックします。

8 [OK]をクリックします。

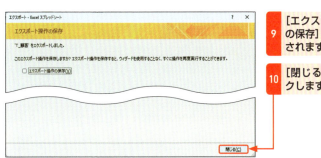

9 [エクスポート操作の保存]画面が表示されます。

10 [閉じる]をクリックします。

11 保存先フォルダーのExcelのファイルをダブルクリックすると、エクスポートしたデータを確認できます。

12 必要に応じて、列幅や表示形式などを変更します。

▶ Section 81

第9章 | 知っておくと便利な機能

データベース間で
オブジェクトをコピーしよう

Accessで新しいデータベースを作成するとき、既存のオブジェクトと似たものを作成することがあります。その場合は、データベース間でオブジェクトをコピーして利用できます。ここでは、テーブルをコピーします。

① 別のデータベースにオブジェクトをコピーする

1 コピー元のデータベースファイルを開いておきます。

2 「T_顧客」テーブルをクリックし、

3 [ホーム]タブの[コピー]をクリックします。

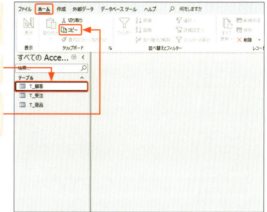

4 コピー先のデータベースファイルを開きます。

5 [ホーム]タブの[貼り付け]をクリックします。

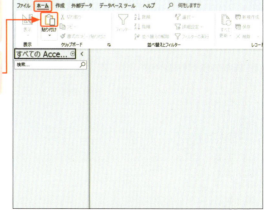

230

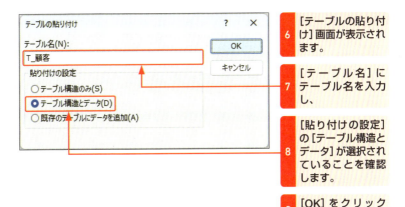

6 [テーブルの貼り付け]画面が表示されます。

7 [テーブル名]にテーブル名を入力し、

8 [貼り付けの設定]の[テーブル構造とデータ]が選択されていることを確認します。

9 [OK]をクリックします。

10 「T_顧客」テーブルがコピーされました。

11 「T_顧客」テーブルをダブルクリックすると、

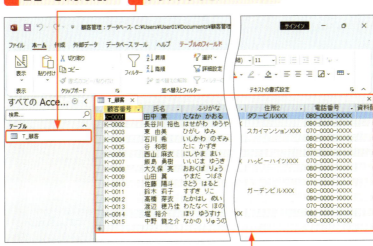

12 「T_顧客」テーブルのデータがコピーされていることを確認できます。

Memo

テーブル構造だけをコピーする

既存のテーブルをコピーするときは、既存のテーブルに含まれているデータを一緒にコピーするか、テーブルの構造だけをコピーするかを選択できます。手順6の画面で[テーブル構造のみ]を選択すると、テーブルの構造だけをコピーできます。

231

▶ Section 82　第9章 | 知っておくと便利な機能

データベースの
バックアップを作ろう

データベースファイルをうっかり削除してしまった、重要なデータを間違えて変更してしまった、などの緊急事態に備えて、データベースのバックアップ（ファイルのコピー）を作成しておくと安心です。

① バックアップファイルを作成する

1. バックアップしたいデータベースファイルを開きます。

2. [ファイル] タブをクリックします。

3. [名前を付けて保存] をクリックします。

4. [データベースのバックアップ] をクリックし、

5. [名前を付けて保存] をクリックします。

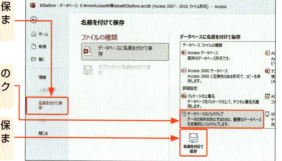

📖 Memo

バックアップファイルの名前について

作成したバックアップファイルのファイル名は、初期設定では「データベースのファイル名＋日付」になります。このファイル名は変更できますが、バックアップした日がわかるように日付を含むファイル名にすると便利です。

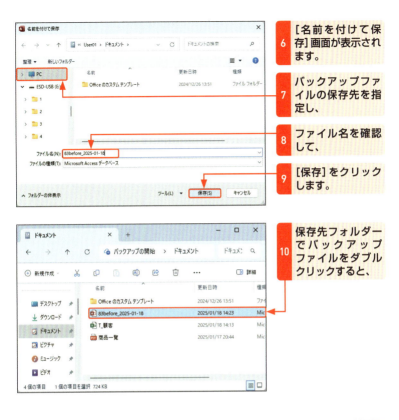

6	[名前を付けて保存]画面が表示されます。
7	バックアップファイルの保存先を指定し、
8	ファイル名を確認して、
9	[保存]をクリックします。

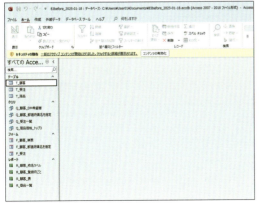

10	保存先フォルダーでバックアップファイルをダブルクリックすると、

11	バックアップファイルが開きます。

第9章 知っておくと便利な機能

▶ Section 83　第9章 | 知っておくと便利な機能

セキュリティのメッセージが表示されたら

データベースファイルを開いたとき、安全性が不明な内容が含まれていると、セキュリティのメッセージバーが表示されます。メッセージを解除する方法と、メッセージ自体が表示されないようにする方法があります。

1 メッセージバーの種類

WebからダウンロードしたAccessのファイルを開くと、[セキュリティリスク]のメッセージバー、そのほかのAccessのファイルを開くと[セキュリティの警告]のメッセージバーが表示されます。そのまま利用すると、一部のマクロなどは実行できないので注意しましょう。

[セキュリティリスク]のメッセージバー

Webからダウンロードしたファイルを開いたときに表示されます。このままでは一部の機能が実行できません。

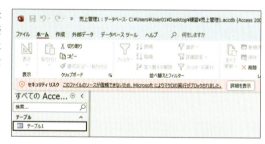

[セキュリティの警告]のメッセージバー

マクロ入りのファイルを開いたときなどに表示されます。このままでは、一部のマクロなどが実行できません。ただし、安全なファイルの場合は、[コンテンツの有効化]をクリックするとファイルを利用できます。[コンテンツの有効化]をクリックすると「信頼済みドキュメント」として認識され、次からはメッセージバーが表示されずにデータベースファイルが開きます。

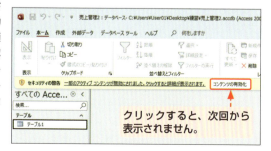

クリックすると、次回から表示されません。

234

2 メッセージバーが表示されないようにする

メッセージバーが表示されないようにするには、ファイルが保存されたフォルダーを「信頼できる場所」として登録します。[信頼できる場所]に保存したファイルは安全なファイルとみなされ、無効にされるコンテンツなどが有効な状態で開きます。

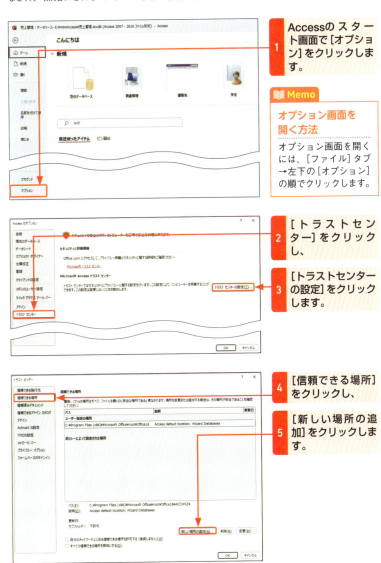

1 Accessのスタート画面で[オプション]をクリックします。

Memo
オプション画面を開く方法
オプション画面を開くには、[ファイル]タブ→左下の[オプション]の順でクリックします。

2 [トラストセンター]をクリックし、

3 [トラストセンターの設定]をクリックします。

4 [信頼できる場所]をクリックし、

5 [新しい場所の追加]をクリックします。

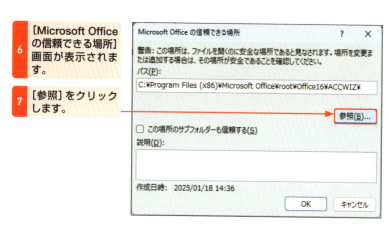

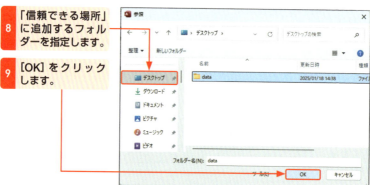

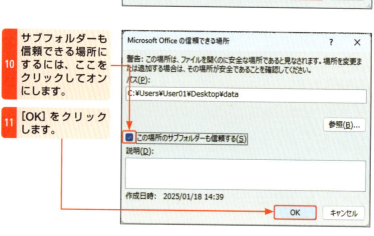

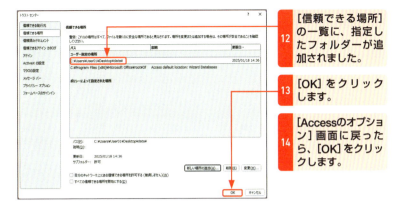

12 [信頼できる場所]の一覧に、指定したフォルダーが追加されました。

13 [OK]をクリックします。

14 [Accessのオプション]画面に戻ったら、[OK]をクリックします。

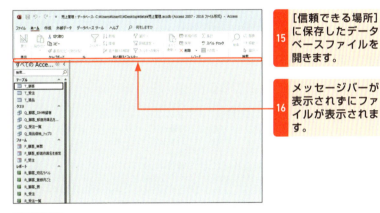

15 [信頼できる場所]に保存したデータベースファイルを開きます。

16 メッセージバーが表示されずにファイルが表示されます。

📝 Memo

本書のサンプルファイルを使う場合

Webからダウンロードした本書のサンプルファイルをデスクトップに保存した場合は、手順8でそのフォルダーを指定し、手順10でサブフォルダーも信頼できる場所に指定します。

💡 Hint

「信頼できる場所」から削除する

[信頼できる場所]に登録したフォルダーを削除するには、手順4の画面で削除したいフォルダーを選択し、画面下部にある[削除]をクリックします。

Index ―索引―

記号・アルファベット

#	106, 109
& 演算子	120
［Accessのオプション］画面	29
Accessの画面構成	28
AND条件	103
Between…And演算子	108, 147
DateAdd関数	123
Excel形式でエクスポート	228
Excelのデータをインポート	226
Int関数	125
Like	105
Month関数	122
OR条件	103
PDF形式で保存	218
Round関数	125
SQLクエリ	85
Where条件	130

あ行

あいまいな条件	104
アクションクエリ	85, 136
宛名ラベル	193, 220
以下	106
以上	106
一側テーブル	73
印刷プレビュー	195, 204, 207
インポート	226
エクスポート	228
演算コントロール	182, 188
演算フィールド	118, 126
オートナンバー型	68
オブジェクト	30, 32
オブジェクトのコピー	230

か行

外部キー	73
改ページ	217
隠しオブジェクト	154
期間の指定	108
切り捨て	124
クエリ	32, 84
クエリウィザード	87, 132
クエリデザイン	90, 98
クエリの削除	141
クエリの作成	86, 90
クエリの実行	93, 96, 101
クエリの種類	85
クエリのビュー	88

クエリの保存	96
グループ化（クエリ）	130
グループ化（フォーム）	175
グループ化（レポート）	212, 214
クロス集計クエリ	132
検索	64
降順	65
更新クエリ	136, 138
コントロール	172
［コントロールソース］プロパティ	187
コントロールの移動	175
コントロールのサイズ	174, 177
コントロールの削除	175

さ行

削除クエリ	136, 150
参照整合性	80
式ビルダー	119
四捨五入	124
絞り込み	66
集計クエリ	128
集計方法	130
主キー	41, 46, 73, 91
詳細セクション（フォーム）	170
詳細セクション（レポート）	197
昇順	65
新規レコード	168
スタート画面	24
セキュリティ	27
セキュリティリスク	234
セクション（フォーム）	170
セクション（レポート）	197
セクションのサイズ	177
セクションの高さ	183
セクションの幅	208
［説明（オプション）］欄	39
選択クエリ	85

た行

多側テーブル	73
タブ	28
単票形式のフォーム	157
単票形式のレポート	193
［抽出条件］欄	102
帳票形式のフォーム	157
帳票形式のレポート	193
追加クエリ	136, 146
データ型	44
データシート形式のフォーム	157

238

データシートビュー	37
データの切り替え	169
データのコピー	62
データの修正	60
データの抽出	102
データの並び順	110, 112
データの入力	54
データベース	20
データベースファイル	25
データベースを開く	26
テーブル	32, 36, 71
テーブル作成クエリ	136, 142
テーブルの削除	52
テーブルの作成	40
テーブルの保存	50
デザイングリッド	92, 94
デザインビュー (テーブル)	38
デザインビュー (フォーム)	161, 170
デザインビュー (レポート)	197
テンプレート	25
トップ値	114

な・は行

ナビゲーションウィンドウ	29
「名前」プロパティ	186
並び順 (レポート)	210
並べ替え (レポート)	201, 211
バックアップ	232
パラメータークエリ	116, 180
比較演算子	106
日付の表示方式	215
表形式のフォーム	157, 178
表形式のレポート	193, 198
「標題」プロパティ	186
フィールド	36, 41, 42
フィールドセレクター	38
フィールドの固定	59
フィールドの幅	56
フィールドの表示順	57
フィールドの列の表示／非表示	58
フィールドの連鎖更新	81
フィールドプロパティ	41, 48
フィールドリストの大きさ	77
フィールドリストの配置	76
フォーム	33, 156
フォームウィザード	162, 178
フォームからデータを入力	169
フォームの作成	158
フォームの修正	166

フォームのタイトル	176
フォームのビュー	160
フォームの編集	171
フォームの保存	167
フォームフッターセクション	170
フォームヘッダーセクション	170
プロパティの更新オプション	51
ページフッターセクション	197
ページヘッダーセクション	197, 208

ま・や・ら・わ行

マクロ	34
メイン／サブフォーム	190
メイン／サブレポート	224
モジュール	34
優先順位 (クエリ)	113
優先順位 (レポート)	211
用紙の向き／サイズ	206
ラベルのプロパティ	185
リレーショナルデータベース	21
リレーションシップ	70
リレーションシップウィンドウ	74
リレーションシップの設定	78
レイアウトの削除	175
レイアウトビュー (フォーム)	160
レイアウトビュー (レポート)	197
レコード	36
レコードの削除	61
レコードの並べ替え	65
レポート	33, 192
レポートウィザード	194, 198, 212
レポートの作成	194
レポートの修正	202
レポートの保存	203
レポートビュー	195
レポートフッターセクション	197
レポートヘッダーセクション	197
ワイルドカード	104

239

■ お問い合わせの例

FAX

1 お名前
技評 太郎

2 返信先の住所またはFAX番号
03-××××-××××

3 書名
今すぐ使えるかんたんmini
Accessの基本と便利が
これ1冊でわかる本
[Office 2024/2021/2019/
Microsoft 365対応版]

4 本書の該当ページ
58ページ

5 ご使用のOSのバージョン
Windows 11

6 ご質問内容
手順3の画面が
表示されない

今すぐ使えるかんたんmini
Accessの基本と便利が
これ1冊でわかる本
[Office 2024/2021/2019/
Microsoft 365対応版]

2025年4月5日　初版　第1刷発行

著者●井上香緒里
発行者●片岡 巖
発行所●株式会社 技術評論社
　　　　東京都新宿区市谷左内町21-13
　　　　電話　03-3513-6150　販売促進部
　　　　　　　03-3513-6160　書籍編集部
装丁●坂本真一郎（クオルデザイン）
本文デザイン／DTP●リンクアップ
編集●田村佳則
製本／印刷●TOPPANクロレ株式会社

定価はカバーに表示してあります。

落丁・乱丁がございましたら、弊社販売促進部までお送りください。交換いたします。
本書の一部または全部を著作権法の定める範囲を超え、無断で複写、複製、転載、テープ化、ファイルに落とすことを禁じます。

©2025　井上香緒里

ISBN978-4-297-14770-9 C3055
Printed in Japan

お問い合わせについて

本書に関するご質問については、本書に記載されている内容に関するもののみとさせていただきます。本書の内容と関係のないご質問につきましては、一切お答えできませんので、あらかじめご了承ください。また、電話でのご質問は受け付けておりませんので、必ずFAXか書面にて下記までお送りください。
なお、ご質問の際には、必ず以下の項目を明記していただきますようお願いいたします。

1 お名前
2 返信先の住所またはFAX番号
3 書名
　（今すぐ使えるかんたんmini
　Accessの基本と便利がこれ1冊でわかる本
　[Office 2024/2021/2019/Microsoft 365
　対応版]）
4 本書の該当ページ
5 ご使用のOSのバージョン
6 ご質問内容

なお、お送りいただいたご質問には、できる限り迅速にお答えできるよう努力いたしておりますが、場合によってはお答えするまでに時間がかかることがあります。また、回答の期日をご指定なさっても、ご希望にお応えできるとは限りません。あらかじめご了承くださいますよう、お願いいたします。
ご質問の際に記載いただきました個人情報は、回答後速やかに破棄させていただきます。

問い合わせ先

〒162-0846
東京都新宿区市谷左内町21-13
株式会社技術評論社　書籍編集部
「今すぐ使えるかんたんmini
Accessの基本と便利が
これ1冊でわかる本
[Office 2024/2021/2019/
Microsoft 365対応版]」
質問係

FAX番号　03-3513-6167

URL：https://book.gihyo.jp/116